拿起 放下

你想怎样活出快乐

袁志发 著

光明日报出版社

图书在版编目（CIP）数据

拿起 放下：你想怎样活出快乐 / 袁志发著.
北京：光明日报出版社，2025.1. -- ISBN 978 - 7 - 5194 -
8459 - 0

Ⅰ. B821 - 49

中国国家版本馆 CIP 数据核字第 2025E1Q104 号

拿起 放下：你想怎样活出快乐
NAQI FANGXIA: NIXIANG ZENYANG HUOCHU KUAILE

著　　者：袁志发	
责任编辑：宋　悦	责任校对：刘兴华　李海慧
封面设计：中联华文	责任印制：曹　诤

出版发行：光明日报出版社
地　　址：北京市西城区永安路 106 号，100050
电　　话：010-63169890（咨询），010-63131930（邮购）
传　　真：010-63131930
网　　址：http://book.gmw.cn
E - mail: gmrbcbs@gmw.cn
法律顾问：北京市兰台律师事务所龚柳方律师
印　　刷：三河市华东印刷有限公司
装　　订：三河市华东印刷有限公司
本书如有破损、缺页、装订错误，请与本社联系调换，电话：010-63131930

开　　本：880mm×1230mm	
字　　数：153 千字	印　　张：8.5
版　　次：2025 年 1 月第 1 版	印　　次：2025 年 1 月第 1 次印刷
书　　号：ISBN 978 - 7 - 5194 - 8459 - 0	
定　　价：68.00 元	

版权所有　　翻印必究

自序
人生有韵律

感悟人生万象,直到退休离职后,我才有幸意识到,如同诗词有韵律一样,人生也是有韵律的。韵律,在诗词中堪比醉人的美味,而在人生中则堪称快乐的密码——在"拿起"中"放下",在"放下"中"拿起"——让我们的人生如同一首美丽的歌。

※　　　※　　　※

诗词的韵律指的是平仄格式和押韵规则,人生韵律涵盖的是生命价值与生存艺术。

诗词有韵律才有品位,人生有韵律才有意义。

让诗词富有韵律是少数文人的事情,让人生富有韵律是每个人的追求。

无论诗词之韵律还是人生之韵律,其实质都是一种和谐。

快乐的人生应当是和谐的人生,有韵律的人生。

我们需要着力思考的是,怎样才能使自己的人生变得和谐,怎样才能使自己的生活富有韵律。因为人生旅途中能够让你的生活走调变味、以至于失衡变态的事情有太多太多。

河有两岸，事有两面。回眸我们的以往，凡让生活走调变味、以至失衡变态的事情，无不是因为只看到事情的一面而忽视或亵渎了它的另一面，导致该"拿起"的没"拿起"而该"放下"的又没"放下"。实际上，事情的"这一面"与"另一面"，既是一种"对立"，也是一种"统一"，所有的事情都是在"对立"与"统一"、"拿起"与"放下"中存在和演变的。人生中的顺与不顺、如意与不如意，皆与此密切相关。

※　　　　※　　　　※

思考人生韵律的角度有很多很多，但不管从哪个角度看，人生韵律的基调都是一种和谐。追求快乐就是追求和谐，只有和谐的人生才是快乐的人生。对和谐的价值与意义，无论怎么估计都不会过高。

和谐是一种逻辑。

和谐是一种境界。

和谐是一种平衡。

和谐是一种默契。

和谐是一种节奏。

和谐是一种哲学。

和谐是一种艺术。

和谐是一种力量。

生活中，对"和谐"二字理解最深、把握最好的莫过于运动员。

你看：

高低杠运动员是那样能上能下，上是需要，下也是需要。

平衡木运动员是那样善于把握自己，花样翻新，却决不左右摇摆。

撑竿跳高运动员是那样无所畏惧，为了达到一个新的高度，自己情愿一次次倒下去。

射击运动员是那样富有目标，即使恋人招手，也决不斜视。

跳远运动员是那样注意起步，总是在坚实的基础上向前一跃。

摔跤运动员是那样坚韧，只要还有一点力气，就要拼搏。

举重运动员是那样坚定，"泰山压顶"，也要挺胸自立。

登山运动员是那样顽强，身悬万仞，也要继续攀登。

乒乓球运动员是那样机敏，抓住机会，就勇敢进攻。

足球场上的守门员是那样镇定，大兵压境，也毫不畏惧。

运动员确实是值得赞美的。他们之所以能够如此和谐地把握自己，不仅是缘于他们的技艺，而且是缘于他们的品格。因为他们的身心凝聚了人类的美德，才使每一项运动都散发出迷人的魅力。

仔细想想，这种魅力不正是人生韵律的一种极好展示吗？

再仔细想想，如果我们都能像运动员那样和谐地把握自己，不也就能够稳稳地驾驭自己的人生韵律了吗？

※　　　　※　　　　※

其实，何止诗词有韵律，也何止人生有韵律，世间的万事万物均有其韵律。山有山的韵律，水有水的韵律。天上的飞鸟有韵律，地下的宝藏也有韵律。韵律是一种法则。人生的韵律，乃潜藏在人生命深处的一种法则；人的快乐与幸福，乃人生韵律外化后散发出的一种华香。

有人以为高科技可以解决人生中的一切（包括快乐与幸福），这个观点是不能接受的。因为，即使在人工智能时代，许多"异想天开"虽然都已成为可能，但"这里面缺少灵魂"，它不能直抵人心。人的快乐感、幸福感，只能在灵魂深处生成，只能从心底里流淌出来。

※　　　　※　　　　※

《拿起 放下：你想怎样活出快乐》是一本小书，共86篇短文，内容涉及人的喜怒哀乐、得失成败、善恶祸福、贫富贵贱、上下沉浮、生老病死等诸多方面，而贯穿其中的一个主旨是：人如何才能在纷繁复杂的红尘世间少一些迷茫与烦恼、多一些清醒与自觉，少一些惊异与惶恐、多一些从容与淡定，从而拥有更多的快乐与幸福。由于都是源于自己的经历与生活有感而发，亦因为其中融入了自己曾经写过的一些文字，所以，要好的朋友能从中察觉到我成长、工作和生活中的某些轨迹，熟悉的读者能从中看到我过去几本书的影子。

  本书中的一些想法可能还很肤浅，只把它当作开启快乐之门的引玉之砖吧！

袁志发
2024 年 5 月 15 日

目录

1 关于得与失 *001*
2 关于大与小 *003*
3 关于喜与忧 *005*
4 关于真与假 *007*
5 关于进与退 *009*
6 关于利与弊 *011*
7 关于义与利 *014*
8 关于人与钱 *016*
9 关于穷与富 *019*
10 关于荣与辱 *022*
11 关于善与恶 *025*
12 关于恩与仇 *028*
13 关于福与安 *031*
14 关于美与丑 *034*
15 关于勤与懒 *037*
16 关于忙与闲 *040*
17 关于己与人 *043*
18 关于人与事 *046*
19 关于事与道 *049*
20 关于点与体 *052*
21 关于曲与直 *055*
22 关于德与才 *058*
23 关于言与行 *061*
24 关于官与民 *064*
25 关于成与败 *067*
26 关于上与下 *070*
27 关于高与低 *073*
28 关于命与运 *075*
29 关于心与身 *078*
30 关于心与乐 *081*
31 关于动与静 *084*
32 关于老与小 *087*
33 关于夫与妻 *090*
34 关于长与短 *093*
35 关于生与死 *096*
36 关于念书与念人 *100*
37 关于读书与人生 *103*
38 关于格局与人生 *106*
39 关于守衡与人生 *109*
40 关于错误与人生 *112*

| 41 关于人性与水性 115
| 42 关于小我与大我 118
| 43 关于聚灵与收脏 121
| 44 关于做人与修德 124
| 45 关于识人与做事 127
| 46 关于检点与放纵 130
| 47 关于怨人与省己 133
| 48 关于精明与糊涂 136
| 49 关于虚名与务实 139
| 50 关于魅力与素质 142
| 51 关于气质与修养 145
| 52 关于胸怀与情绪 148
| 53 关于脾气与心性 151
| 54 关于羡慕与嫉妒 154
| 55 关于自卑与自信 157
| 56 关于守信与失信 160
| 57 关于自重与自控 163
| 58 关于自强与自律 166
| 59 关于坚持与放弃 169
| 60 关于固执与坚定 172
| 61 关于惰性与希望 175
| 62 关于性格与修养 178
| 63 关于了解与理解 181
| 64 关于犹豫与果断 184

| 65 关于顺境与逆境 187
| 66 关于风险与成功 190
| 67 关于居安与思危 193
| 68 关于忠言与谄言 196
| 69 关于流言与人性 199
| 70 关于君子与小人 202
| 71 关于怜悯与关心 206
| 72 关于人情与人品 209
| 73 关于脚力与心力 212
| 74 关于炼心与成长 215
| 75 关于养生与养心 218
| 76 关于烦恼与快乐 221
| 77 关于欲望与烦恼 224
| 78 关于今天与明天 227
| 79 关于十年与未来 230
| 80 关于瞬间与长久 233
| 81 关于回忆与思考 236
| 82 关于哲学与生活 239
| 83 关于繁复与简洁 242
| 84 关于人生与度 245
| 85 关于文明与贵 248
| 86 关于放下与放不下 251
| 人生七忌(代跋) 254

1

关于得与失

有阴才有晴,有冬才有春,有缺才有圆。有得有失,才是真实的人生。人不能活在无望之中,也不能活在奢望之中,"人的手就那么大,怎能握住那么多东西呢?"

这是一个连几岁小孩都会遇到的问题，有多少人不正是由于喜欢得到而害怕失去，经常处于被折磨之中的吗？

其实，得与失原本就是和谐而富有韵律的。

你看，大地奉献了泥土和水分，草木才奉献了鲜花和果实；农民付出了汗水，土地才报以丰收；树梢翩翩起舞，难道不是风的给予吗？鱼儿活蹦乱跳，难道不是水的给予吗？

人要想得到些什么，就必须准备失去些什么。在许多情况下，失去本身就是一种得到，得到是另一种意义上的失去；得到的越多，失去的也可能越多；失去的越多，得到的也可能越多。所以，人既不要因得到而满足，也不要因失去而惋惜。因得而失，因失而得，或得而复失，失而复得，都是常有的，也均是正常的。

得与失伴随着人的一生。人生在世，不能只想着得，而不想着失。"天有不测风云，人有旦夕祸福。"有阴才有晴，有冬才有春，有缺才有圆。有得有失，才是真实的人生。

生活只是告诫我们：

△△得不可尽用，失不可自欺，人应当在烦恼中也能发现幸福，在逆境中也能追逐希望。

△△人特别要记住的是，勿不劳而获，勿贪得无厌。

△△人不能活在无望之中，也不能活在奢望之中，"人的手就那么大，怎能握住那么多东西呢？"

2

关于大与小

"你若盛开,清风自来"。很多人一生活的不痛快,并非遇到了什么大事,而是被一些小事套牢了。

生活中有许多事情，乍一看很大，可多少年以后再看，其实很小。仔细想想，曾经让你烦心的一些所谓的大事，在今天看来，还不都是一些不足挂齿的小事吗？这些小事让你悲伤过、叹息过，但如今不都成了很有意思的回忆或故事了吗？

有些事情，之所以当初让你觉得很大，或许是因为缺乏心理准备，或许是因为承受能力不强，更可能是由于你对自己还缺少应有的自信。它从反面提示我们，某件事究竟是大，还是小，这与当事人是否成熟有很大的关系。对一个成熟老练的人来说，即使是大事也是小事，而对一个幼稚浅薄的人来说，即使是小事也会成为大事。

世界上最广阔的不是海洋，也不是天空，而是人的胸怀。你的胸怀有多大，你心中的世界才有多大；你的心力有多强，"抗震"能力才会有多强。事不由己，心由己。人要不为小事所困扰，关键是要扩展自己的胸怀。

经验告诉我们，当生活中冒出一些不顺心的小事时，你千万不要过分在意，能处置的就快速处置，不能马上处置的，就放一放再说，有些小事能够一笑了之是最好的。很多时候困扰我们的并不是事情本身，而是我们的心态。"你若盛开，清风自来"。很多人一生活得不痛快，并非遇到了什么大事，而是被一些小事套牢了。这应当成为一条教训。

须知，不把小事情看大，才能把大事情做好。

3

关于喜与忧

人只要活着,就有层出不穷的问题。有些事,你要看得开;有些事,你要想得开;有些事,你还要躲得开。

喜怒哀乐，乃人生中的常事，但它也最能影响人的心绪。因忧而导致心理失衡者有之，因喜而损害人生韵律者也有之。人尤其要切忌大喜大悲，因为无论大喜或大悲，都不利于保持心灵的安静。

人应当经常意识到，喜中有忧，忧中有喜。当好事落在你身上时要看到忧的影子，当坏事降临时要看到喜的希望。生活中绝对的好事与绝对的坏事都是不多见的，而且，在一定的条件下，二者还会相互转化。

所以，人既不要期望有喜无忧，也不要以为有忧就一定无喜，要相信，在多数情况下，喜与忧都是结伴而行的。正因如此，即使好事连连，也要注意做到喜之有度；即使坏事多多，也要善于看到光明的一面。

古人有言："衣服虽破，常存礼仪之容；面带忧愁，每抱怀安之量。时遭不遇，只宜安贫守份；心若不欺，必然扬眉吐气。"这是很有道理的。人只要活着，就有层出不穷的问题，一帆风顺只是愿景，坎坎坷坷才是常态。人生路上，你会有多少好事，有多少坏事，一切都是问号，没有句号。有些事，你要看得开；有些事，你要想得开；有些事，你还要躲得开。

人最应当警惕的是，既不要让好事冲昏了头脑，也不要被坏事吓昏了头脑。因为在这两种情况下，人最容易失去理智，而人若失去了理智，什么样的荒唐事都可能干得出来。

4

关于真与假

真的假不了,假的真不了。"虚的"终将被"实的"碾压,"假的"终将被"真的"粉碎。

生活中的很多现象都有真有假,连你自己有时也会有真假之别。当你袒露真相时,你是"真我",当你把自己伪装起来,你就可能是"假我"。人要活得乐观自在,无论是做事还是在日常生活中,都应当多一点真诚,少一点虚假。

与人相处要真心实意。有的人想听到别人的真话,而自己讲给别人的却全都是假话,这种人是永远不会有朋友的。他们自以为聪明,实际上是地道的傻子,因为他们的结果总是与愿望相违背的。要知道,真话不是只靠嘴就能讲出来的,真话必须是"真心"发出的声音。这一点,讲话者要注意,听话者也应留心。

做事也来不得半点虚假。做事不是为了让别人欣赏,也不是为了装潢自己,更不是为了实现自己的某种不良愿望。做百姓需要做的事,是一种责任;做别人未做过的事,是一种探索;做自己想做的事,是一种快乐。但不管做哪种事,都应当实实在在。做表面文章,是对责任的亵渎;做虚假文章,是对百姓的欺骗;做违心文章,是对自我的嘲弄。这三种文章都不可做,因为它们都会扰乱人生的韵律。

人无论做事还是与人相处,都不能弄虚作假。因为无论弄虚还是作假,最多只能骗人一时,而不会长久。"虚的"终将被"实的"碾压,"假的"终将被"真的"粉碎。

真的,才是善的,真的,也才是美的;和谐的人生,应当是真实的人生。

5

关于进与退

人遇到不顺心的事时,千万不要过分与自己较劲。努力化解麻烦是必要的,但有些事情明明已无法挽回,你又何苦纠缠下去呢?

无论打仗还是生活，都应当有进有退，只进不退或只退不进，都容易招致挫折和失败。

在生活中，一般地说，进比退好，但当该退而不该进的时候，退则比进好，退一步或许能进两步。

这方面需要注意的是，人遇到不顺心的事时，千万不要过分与自己较劲。努力化解麻烦是必要的，但有些事情明明已无法挽回，你又何苦纠缠下去呢？自己与自己较劲，只能增添新的麻烦，对自己造成新的伤害。

你应该学会"退一步想"。生活中没有那么多大的原则问题，在不少事情上，都是既可这样也可那样的。人不可只能拿得起，而不能放得下，该放下的就要放下。适时地放开自己，就等于解放自己。很多情况下，退一步对你大有好处。

人生路上，谁都期盼多一些顺风顺水，但这并不是你自己可以完全掌控的。"天要下雨，娘要嫁人"，你能有什么办法？！北宋宰相吕蒙正说过："天不得时，日月无光；地不得时，草木不生；水不得时，风浪不平；人不得时，利运不通。"如果你已经很努力了，只是因为时运不济而未能如愿，那你就更不应该与自己较劲了，更需要"退一步"想想了。

有进就有退，有退才有进。这是一种法则，我们只能遵循，而不可抗拒。

6

关于利与弊

见利就上,造出的多是小人;见弊就躲,造出的多是庸人。"吃了黄河水,还要挡黄河灾",利弊将伴随我们的一生。

利与弊是一对孪生子，它们同时来到世界上，又同时存在于人生中。天下之事，有一利必有一弊，有大利必有小弊。我们需要着力思考的是，人应当怎样对待利弊得失，更应当怎样趋利避害、化弊为利。

世间之利，既有个人的，更有国家的；既有眼前的，更有长远的；既有局部的，更有整体的。而且这些利无不密切相关，紧紧联系在一起。利如此，弊亦如此。

人要正确地驾驭利弊，关键是要有高尚的品德。德高才能富有远见，德高才能心系百姓，德高才能分清轻重。不能设想，一个利欲熏心的人会牺牲个人利益去服从国家和民族的利益；也不能设想，一个鼠目寸光的人会自觉地以眼前利益去服从长远利益；更不能设想，一个巧取豪夺的人会情愿舍弃小集团利益而保全整体利益。可以肯定，为了煮熟自己的一个鸡蛋而不惜放火点着别人一座房子的人，是绝对不能正确处理利弊得失关系的。

有智者说过："机会不但会造出小偷，也会造出伟人。"利弊何尝不是如此！见利就上，造出的多是小人；见弊就躲，造出的多是庸人；唯有趋利避害、化弊为利，才会造出能人。

"吃了黄河水，还要挡黄河灾"，利弊将伴随我们的一生，能否正确处理它们之间的关系将考验我们一生。期望无弊尽利是一种幻想，能以私弊赢得公利是一种美德，能以小

弊换来大利是一种智慧，如因小利招致大弊是一种愚蠢，而如因私利酿成公弊则是一种耻辱。

7

关于义与利

"义"好比是"皮","利"好比是"毛","皮之不存,毛将焉附"!"义",乃百利之母。

| 关于义与利 |

人皆有名利之心，但决不能为名利所困惑，也决不能为名利所驱使，更不能见利忘义。人应当时时注意，用高尚品德稳稳地驾驭自己的名利之心。

值得赞美的是，许多人能把个人之名利看作是身外之物，他们既不为得到名利而沾沾自喜，也不因失去名利而痛苦不堪。他们也珍惜名利，但从来不为个人争名争利。他们靠奉献赢得名利，靠诚信呵护名利，并能把个人名利之小溪融入国家名利之大海。因而，他们虽有名利之心，却无贪图名利之嫌。

令人遗憾的是，有的人往往把个人名利看得过重，由于看得过重，以致常常被名利折磨得喘不过气来。这种人的可悲之处在于，既不知名利为何物，也不知应当怎样去获得名利，更不知应当怎样去驾驭个人之名利。由于这诸多的"不知"，往往被名利扰乱了心智，因而总是看不清名利，也得不到名利，不但得不到，还每每走向反面——被名利所捉弄——有的人没有被枪炮打倒，也没有被困难吓倒，但却被名利击倒。其根源就在于，他们只记住了"利"，而忘记了"义"。

"义"好比是"皮"，"利"好比是"毛"，"皮之不存，毛将焉附"！所以，人既要讲"利"，更要讲"义"；有"义"者之利可得，无"义"者之利万不可得。在人生的天平上，"义"这一端永远重于"利"那一端。

"义"，乃百利之母。

8

关于人与钱

人老了才会真正意识到,钱的作用实在有限——有钱不如没病好,存钱不如存健康。

民间有句话，一分钱能难倒英雄汉，说的是人没钱不行。也有人说过另一句话，人呀，并非钱越多越好，钱太多了，也就没什么用处了，不但没什么用处，还可能会加害于人。这两句话说的都很在理。

　　钱确实是个好东西。有了钱，可以买房买车，还可以买这买那，生活无忧，日子过得舒舒坦坦。

　　但钱也确实是个坏东西。有那么一些人，因为钱多，该有的都有了，不该有的也有了，连过去皇帝没有的也有了，可理想没有了，信念没有了，连慈悲之心也没有了，穷得只剩下钱，别的什么都没有了。

　　钱本是用来花的，而不是看的。但确有这样的人，因为钱太多了，那么多的票子，竟变成了摆设；放满一柜子，再放一柜子，柜子放不下了，就用整间房子放。为什么不存银行呢？因为怕，因为这些钱是贪来的。结果如何呢？惹来了牢狱之灾。

　　也有另外一种情况。钱是自己挣来的，干干净净。这钱怎么用呢？首先想到的是儿女，还想到了孙子，把钱都存在儿孙名下。结果怎样呢？儿孙觉得——钱一辈子都够花了，就躺在钱上过日子，日子是过的蛮舒服，但人却被荒废了。

　　仔细想想，钱的作用实在有限。无论对谁来说，都不能迷钱，从古至今，迷钱的都不会得好。我们应当铭记的是：对青年人、中年人来说，想赚钱是可以的，但要取之有道；

对老年人来说，有钱要舍得花，不要只想着儿女，更不要想着等存到多少后才去花——有钱不如没病好，存钱不如存健康。

9

关于穷与富

这富那富,都不如心富;这穷那穷,最可怕的是心穷。人如果连心气儿都没有了,那就算穷到底了。

人的境界不同，穷富的标准也不同。然而有一条是铁定的——从最深处说，是穷是富，皆应以生命是否喜好来衡量。

生命喜欢微笑，生命崇尚善美，生命渴望自由，生命追求快乐。从这个意义上讲，我们完全可以这样说：钱多不算富，地多不算富，房大不算富，车好不算富，这富那富，都不如心富。

何为心富？心富，乃内心的富有——有情、有爱、有自由、有快乐，即使票子不多、房子不大，但心底总能洒满金色的阳光。有人将其称为"穷快乐"，但这种"穷快乐"又有什么不好呢？这不比那些拥有万贯家产却天天惶恐不安、甚至锒铛入狱者好得很多很多吗？

人性的罪恶就在于，在埋头追求财富的时候，竟忘记了生活的初心，亵渎了生命的本真，以致在积下巨额财富的同时，情呀、爱呀、自由呀、快乐呀，却被驱赶的无影无踪。何止没有了这些，有的还因此而毁掉了自己的一生。

人生的凄苦，多源于内心的奢望。由于念的东西太多，有的心上落满了灰尘，有的心上长满了杂草，有的心上堆满了垃圾。这脏东西多了，干净的东西就少了——信念没有了，抱负没有了，善心没有了，有的连良心也没有了。这样的人，即使身上富得流油，还不是个地道的穷人？

古人说，天有三宝——日月星，地有三宝——水火风，人有三宝——精气神。天上没有日月星,世间将会一片黑暗;地上没有水火风,万物将会无法生存;人如果没有精气神,那就算穷到底了。所以,人活一世,首先要做个内心富有的人。

人绝不是不可以追求财富,只是要明白——世界上还有比物质财富更重要的东西——那就是心灵的自由与美好。

10

关于荣与辱

人生最高的荣誉是忠诚——忠诚于你心中的爱。

人生最大的耻辱是背叛——背叛你原本美丽的灵魂。

荣辱之心，也是人皆有的。荣誉是心理上的一种得到，是一种快乐；耻辱是心理上的一种失去，是一种痛苦。所以，人总是喜欢荣誉，而害怕耻辱。

人既要知荣，也要知耻。这件事看似简单，但要真正把握好它，却并不那么容易。荣誉是个很微妙的东西。一方面，它是谁也不可缺少的；另一方面，它又是不可过分计较的。如果以为荣誉是一钱不值的，那么，他不是个傻子，也可能是个毫无进取心的人。但如果以为荣誉就是一切，那么，他即使今天不是，终有一天也极可能会成为一个虚荣心极强的人。而虚荣心极强的人，也最容易成为荣誉的叛逆者，耻辱的同路人。

生活提醒我们，人绝不能以变态的心理看荣誉、看耻辱。有的人自己做出丑事，还不以为耻，反以为荣。这种人以能出名为荣，出不了好名，能出个坏名也感到美滋滋的。这是人间的一种不幸。还有的人，压根儿就不懂得什么是荣誉、什么是耻辱。在他们看来，荣誉不过是天上的一道彩虹，只是暂时的，过一会儿就会化为乌有；耻辱不过是溅在衣服上的一点污泥，虽然有点脏，但仍可穿在身上。这种人的神经已经麻木，心灵已经醉死，是绝没有多少幸福可言的。

人活一辈子，一定要坚守住自爱。人生最高的荣誉是忠诚——忠诚于你的良心，忠诚于你的事业，忠诚于你心中的爱。人生最大的耻辱是背叛——背叛给你生命的父母，背叛哺育你成长的沃土，背叛你原本美丽的灵魂。

　　荣誉与耻辱，是人生中两个抛不掉的伙伴。你要获得荣誉，就应该有光彩的行为；你要避免耻辱，就切勿做出丑恶的事情。

11

关于善与恶

一个"善"字,可以光耀人的一生;一个"恶"字,可以毁掉人的一生。高级别的为善,应当是"以诸华香而散其处"——不动声色,却深入人心。

何为善，何为恶？古人曾这样去描述：看到别人得好，你就感到高兴，这就是善。看到别人得好，你就感到痛苦，这就是恶。看到仇人死了，你也悲伤，这更是善，而且是大善。看到仇人死了，你却乐了，这更是恶，而且是大恶。这是很有道理的。

善与恶是人性的两极。一个"善"字，可以光耀人的一生；一个"恶"字，可以毁掉人的一生。善者得道多助，恶者失道寡助；善者寿高，恶者命短。这都是生活中常见的事实。

善与恶像一面神奇的镜子，它不仅能照出人的面孔，而且能透视人的德行。善者的面孔是慈祥，其德行是高尚。恶者的面孔是狰狞，其德行是低下。正因如此，恶人是很怕照镜子的。

善与恶更像一杆秤，它能称出一个人的分量。无善无恶者，可称作庸人；善恶不分者，可称作贱人；有善有恶者，可称作凡人；知善知恶者，可称作明人；为善去恶者，可称作高人。

善与恶虽然泾渭分明，但由于人心的浮华和利益的纷争，却常把二者混杂在一起，以致——有的人本有善心却不能一善到底，有的人竟把行善当成获取虚名的"孔明灯"，有的人更是把行善当成了谋取私利的"敲门砖"。

所以，为善去恶一定要从心做起——把别人的好也当做

是自己的好,把别人的苦也当做是自己的苦,把帮助别人当做就是在成就自己。如此,你的为善之心也就会蓬勃起来。

  为善,并非只是送上好言好语,也并非一定要出钱出物,高级别的为善,应当如《金刚经》所云:"以诸华香而散其处"——不动声色,却深入人心。

12

关于恩与仇

恩人,就是你心中的"菩萨"。如果有谁竟把过去的"恩"变成了今天的"仇",那他就比小人还小,比恶人还恶。

关于恩与仇

人与人相处，应当学会感恩，而切勿记仇。学会感恩，你的福报才会越来越大，如果老是记仇，你不但会变成孤家寡人，连本该有的某些福报也会消失得荡然无存。

感恩首先要知恩。所谓恩，并非一定是别人救你于水火之中，也并非一定是让你一夜暴富，更不是一定能使你一举成名、梦想成真。得到他人的帮助是恩，得到他人的宽容是恩，得到他人的理解是恩，得到他人的同情是恩，你犯了错误受到他人的批评也是恩，你在做违纪违法之事时他人提醒你悬崖勒马更是恩。人生中的感恩之处实在太多太多。

古人云，滴水之恩当涌泉相报。感恩是人性的一大优点，知恩必报是贤善之人的一大美德。感恩绝不是送上一些口是心非的甜言蜜语，也绝不只是某种物质或金钱的回报，归根到底是一种美丽的情感表达。不管是感大恩还是感小恩，其美丽的情感表达都是题中之要义。

有一种误解是应该消除的，即把感恩当作还账，把情义用金钱来衡量。这样想、这样做的最大害处是，容易亵渎无价之情义，使帮助与被帮助沦为一种低俗的交易。

有一种人是最可恨的，即恩将仇报的人。本来别人对他是有恩的，但因一件事未能如其所愿，就将对方怀恨在心，过去的恩竟变成了今天的仇。这种人比小人还小，比恶人还恶，是一切善良的人最当警惕的。

还有一种人也是应当提醒要注意的。他们的心小得像针尖，胸怀狭窄得像墙上裂开的一条细缝，与人相处中，哪怕受到一点点的不公就心生怨恨。此种人虽算不上恶人，但也值得提防。

　　生活中，最需要懂得感恩的是为儿女者。钱钟书夫人杨绛先生说过，一个家庭最大的福报是，养出感恩的孩子。顺着她的话，我们也可以这样说，一个家庭最大的不幸就是，养出不懂得感恩的"逆子"。儿女的生命是父母给的，为儿女者如果连父母的恩都忘得一干二净，甚至因某种不满而怀恨在心，这样的人即使满肚子知识又有何用?!

　　世界是美好的，人生是短暂的。人来也匆匆，去也匆匆，不管你生活的如何、处境如何，还是应多一点感恩、少一点仇恨为好。

　　恩人，就是你心中的"菩萨"。

13

关于福与安

平安不仅是福,而且是大福。如果有谁为了追求幸福而竟忘记了平安,那将是天大的愚蠢。

有的人追求富，有的人追求贵，以为富了贵了，幸福就多了，殊不知，在人的一生中，还有比富与贵更重要的东西——那就是平安。

仔细观察生活你会发现，有的人是富了，但却因富而穷——理想没有了，信念没有了，除了钱，别的什么都没有了。一个人连精神都没有了，还不是穷到底了！

你还会发现，有的人是贵了，但却因贵而贱——一朝权在手，便把利来谋。由于贪的太多，竟连自由也没有了。这样的人，即便蹲在高档监狱里，也只能算作个贱人。

自古以来就有迷钱的，也有迷权的，但都没有得好。迷钱的倒在了钱上，迷权的倒在了权上。人都倒了，还有什么幸福可言？

直到如今，幸福感最强的依然是那些纯朴善良的农民。

农民的幸福感强在哪里？自然不是强在富上，也不是强在贵上，而是强在"平安"二字上。他们的心是平的，神是安的，日出而作，乐在田间地头；日落而息，能睡个安稳觉。正因如此，农村的医疗条件虽差，却有很多的长寿老人。

小到一个家，大到一个国，平安都是最重要的。家不平安，人丁不会兴旺；国不平安，百姓就会遭殃。

北京城里有很多的"门"，但最耀眼的"门"都有个"安"字。你看，有天安门，还有地安门；有左安门，也有

右安门。天安地安,左安右安,北京城还能不安吗?北京城安了,我华夏大地能不安吗?!

无论谁,都应当坚信,平安不仅是福,而且是大福。如果有谁为了追求幸福而竟忘记了平安,那将是天大的愚蠢。

14

关于美与丑

人呀,皮囊不一定很美,但灵魂一定要高尚。是美貌者美,还是丑貌者美,最终要看德行、知识和才能。

关于美与丑

生活中的美与丑,是谁都会遇到的。但究竟何为美,何为丑,却大有学问。

有的人生来很美,有的人后来变得很美,有的人的美是自己装饰出来的,有的人的美是别人捧出来的。生来的美是朴素的,后来通过修养而拥有的美是高雅的,自己装饰出来的美是虚假的,别人捧出来的美是多余的。正因如此,人们鄙视第三种美和第四种美,而赞扬第一种美和第二种美,尤其欣赏这第一种美与第二种美结合起来的美。

丑也是如此。有的人生来很丑,有的人后来变得很丑,有的人的丑是自己造成的,有的人的丑是外人强加的。正因如此,人们同情第四种丑,也不责怪第一种丑,只是讨厌另外两种丑。

生活告诫我们,衡量美丑,务必区分外表与内在两个方面,否则,就可能以美的表象掩盖丑的实质,或以丑的表象掩盖美的实质,以致分不清真正的美与丑。

这方面,有两点是需要注意的。

△△美貌的人常因容颜和形体之美而骄傲,以至于放松对自己的要求。这是很有害处的。美貌既不等于美德,也不等于知识和能力。切不可因美貌而自恃,安于美德、知识和能力的短缺。美貌犹如盛夏的水果,是容易腐烂而难以保存的。只有把美的形体与美的德行、渊博的知识、良好的能力结合起来,美才会放射出真正而持久的光辉。

△△丑貌的人不必因貌丑而自弃。貌不惊人，但品德、才能和知识惊人，同样是很美的。这种美不但为常人所称颂，也为美貌者所羡慕。丑貌者常常像一座被冰雪覆盖着的火山，蕴藏着巨大的内在力量。他们往往能够成就许多美貌者成就不了的大事，在历史上留下美名。

所以，美貌者不必自傲，丑貌者不必自卑。是美貌者美，还是丑貌者美，最终要看德行、知识和才能。

人呀，皮囊不一定很美，但灵魂一定要高尚。

15

关于勤与懒

人与人之间最大的差别不在智能上,而在于付出的心血和努力有多少。人一定要学会沉淀自己,饱满自己,在自己身上寻找持续的力量。

人的一生成功与否，可能与机遇有关，也可能与天分有关，或许还可能与命运有关。但这些都并不重要，重要的是你自己努力得如何，在努力的过程中，你又有多少勤奋和多少懒惰。

有一点是谁也无法否认的：勤奋总比懒惰好。但这一点，又不是谁都能认真去践行的。小孩子如此，成年人也如此。有的人一辈子勤奋，有的人开始勤奋后来变得懒惰，有的人可能从小到大始终是个懒惰者。由于勤奋的程度不同，成功的多少也自然不同。多一分勤奋，才多一分成功，勤奋的多少与成功的大小总是成正比例的。

多少事实证明，机遇首先迎候的是勤奋者，天分首先偏爱的是勤奋者，命运首先光顾的也是勤奋者。以机遇不好、天分不够、命运不佳为自己的懒惰和失败开脱，是没有任何道理的。

荀子在《劝学篇》中把这方面的道理说透了："骐骥一跃，不能十步；驽马十驾，功在不舍。锲而舍之，朽木不折；锲而不舍，金石可镂。"生命的意义就在于开拓，就在于奋斗，即使很聪明的人也要舍得下笨功夫。人与人之间最大的差别不在智能上，而在于付出的心血和努力有多少。

功夫不负有心人。"笨"到极点就是"巧"，"慢"到极点就是"快"。天才，乃百分之一的天赋+百分之九十九

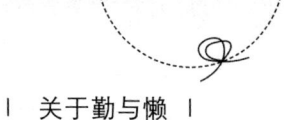

的勤奋。所以，成功的人生应该是勤奋的人生。人一定要学会沉淀自己，饱满自己，在自己身上寻找持续的力量。

16

关于忙与闲

忙,是对生命潜能的一种释放。

闲,应当成为对生命的一种修复和充实。

关于忙与闲

忙与闲都是人生方程式中不可缺少的因子。人生就是一首忙与闲的交响曲。生活只是提示我们,人不可因贪图"闲"而亵渎了"忙"。

古语有云:"少年经不得顺境,中年经不得闲境,老年经不得逆境。"其实,无论少年、青年、中年、老年,都不能太闲,太闲了,是会闹出病来的(可称作"闲病")。少年患上这种病可能会丧志,青年患上这种病可能会丧业,中年患上这种病可能会伤家,老年患上这种病则可能会伤身。

"闲病"的危害所以如此之大,是因为——人太闲了则"别念窃生"——胡思乱想,无事生非。一个人妄想连篇、是非不断,不倒霉才怪了。所以,有人曾说,废掉一个人最狠的方式——就是让他永无止境地闲着。

"闲病"是浮在人心灵上的一种病菌,能够消杀这一病菌的药剂也许就一个字:"忙"。星云大师说:"忙,也是一种修行。"古人也说过:"百忙减千愁"。一个人整天忙忙碌碌,不仅会忘记烦恼,很多时候还会乐在其中。在这种状态下,你的内心就会成为一片净土,任何病菌都会失去生存的土壤——何止是净土——很可能还是助你成长的沃土!

且不说少年、青年、中年,就以老年为例吧。老年人最不缺的是"闲",最难应对的也是"闲",有的因"闲"而胡思乱想,有的因"闲"而心烦意乱,还有的因"闲"而变得性情古怪,等等。但经验也证明,谁能变"闲"为

"忙",或闲里偷忙,谁就可能是另外一种情形——活的既寿又康。古人中如被中药界称为药王的孙思邈,百岁高龄写下著名医著《千金翼方》,在那个年代,他能活 101 岁,不正是得益于忙吗?今人中如中国漫画大师方成,他活了 100 岁,84 岁时还能跑步追上公共汽车。有人问他的养生秘诀,他用一首打油诗回应:"生活一向很平常,骑车画画写文章,养生就靠一个字——忙。"

生活中常听到一些上班的人喊"忙",也怪怨"忙",这或者是由于忙的不得法(包括本不该有的忙),或者是由于对忙的意义还缺乏认识。但不管出于什么原因,从人生的大视野看,我们都应当懂得,忙——是对生命潜能的一种释放,忙——才能让生命更加富有意义。

自然,人在忙里偷闲也是必要的,只是——我们应当把这种"闲"——当作是对生命的一种修复和充实。

17

关于己与人

人际关系的天敌是"猜测",能够解除这种猜测的密码是"真诚"。友谊是灵魂的契合。最好的给予应当是雪中送炭。

人生中有许许多多的关系，但最重要的当属人与人之间的关系。对你来说，首先就是你自己与他人的关系。你与他人的关系处理的如何，不仅关系到你的事业，也关系到你的生活。

你应当怎样与他人相处，有方法问题，有智慧问题，但比方法与智慧更重要的是品德；只有品德高尚的人，才能真正拥有良好的人际关系。有智者说过："人际关系的天敌是'猜测'，解除的密码是'真诚'。"这是很有道理的。

经验无数次证明，人与人相处，靠的就是"真诚"二字。千万不要低估了真诚的力量。你要处理好与他人的关系，首先要学会以真心待人、以诚心待人。这方面，你不妨先从下列几点做起：

△△要学会接纳别人。与人相处，不仅要接纳别人的优点，也要接纳别人的缺点，因为生活中没有完美无缺的人。苛求别人，无异于孤立自己。不要随便答应人，也不要随便拒绝人。你可以考验别人，也要允许别人考验自己。罗兰的话是对的："交朋友不是让我们用眼睛去挑选那十全十美的，而是让我们用心去吸引那些志同道合的。"

△△要学会欣赏别人。友谊是灵魂的契合，欣赏是心灵的美味。如果你常以欣赏的态度对待某个人，那你就极有可能被这个人欣赏。你欣赏的人多了，你被欣赏的人也就多了。你被很多的人欣赏，就说明你是个值得信赖的人。人皆

有微妙之处——即使你很喜欢的人，也会有让你讨厌的地方；即使你很讨厌的人，也可能会有值得你欣赏的地方。

　　△△要学会给予别人。给予不仅要发自内心，还应当讲究艺术。对一个由于遭受挫折而一蹶不振的人，首先要给予的是信心而不是责备；对一个由于蒙受不白之冤而困惑不解的人，首先要给予的是理解而不是批评；对一个由于懒惰而生活贫穷的人，首先要给予的不是财物而是教育；对一个由于缺乏学习而修养很差的人，首先要给予的不是训斥而是知识。会给予的人注重精神，不会给予的人注重物质；深邃的人善于启发，浅薄的人乐于代劳。最好的给予应当是雪中送炭。

18

关于人与事

世界上有许多事情都可以由别人代你去做,而只有一件事,谁也不能代替,必须由自己去做,这就是做人。

关于人与事

人活一世总是要做事的,但做事与做人必定是紧密联系在一起的。这个道理既极为浅显,又颇为深奥。

之所以浅显,是因为你不管做的是大事还是小事,事事都要与人打交道,即使做个体性和自主性很强的事情,也不可能与世隔绝、与人隔绝。

之所以深奥,是因为做事的前提与本质都在于做人,而且越是重要的事情,越是与做人密切相关。无论成与败,皆与你的品德状况有着千丝万缕的联系。品德连着事业,连着生活,连着你的一切。

生活中常有这样的现象,有的人想做事,却忽视了做人,这不是一种无知,便是一种糊涂。一些人志向远大、才华横溢,却屡屡受挫、一事无成,其重要原因,就是在做人的方面还有所欠缺。

多少智者的经验告诉我们,人生中最难的不在于你是否会做事,而在于你是否会做人。

更有多少成功者的经验启示我们,世界上有许多事情都可以由别人代你去做,而只有一件事,谁也不能代替,必须由自己去做,这就是做人。

所以,我们应当明白,比做事更重要的是做人,你要想学会做事,就首先应当学会做人。做人是一门极为高深的学问,做人是一辈子的大事。

学习做人,要从一些最基本的方面做起。比如,要学会尊重人，因为只有尊重别人才能得到别人的尊重。再比如，要学会理解人，因为只有理解别人才能得到别人的理解。还比如，要学会关心人，因为只有关心别人才能得到别人的关心。而这些，都将对你做事起到无可估量的作用。

学会做人，是走向成功的首要秘诀。

19

关于事与道

做事是必须讲道的。人不同,事不同,道也不同。成事首先要合道。

做事是必须讲道的。

人的一生会遇到哪些事，谁也说不清。在那么多的事当中，哪些事是好事，哪些事是坏事；哪些事可做，哪些事不可做；可做的事又该怎么做，也没有人能说得清。人不同，事不同，道也不同。但有一条是决不能忘记的——无论遇到什么事、做什么事，你都不能钻牛角尖。

坏事不能钻，越钻会陷得越深。开始只是把脑袋伸进去，再往后，连整个身子都进去了。牛角尖是个黑洞，人掉进黑洞里还能得好？

好事也不能钻，见好事就往里钻，想的是得更多的好，但这好也是有度的。钻得太深了，就会过了头，凡事过了头，哪有不走向反面的？！

牛角尖之所以不能钻，是因为它不合道——那里边的空间太小，氧气太少，光线太暗，根本就不适合生命的存在。

所以，凡事不必做尽，留点余地为好；得理不必逞强，宽以待人为好；有误不必责人，扪心自问为好；有祸不必怨人，多些担当为好。

还有一条也是不能忘记的，即"道不同不相为谋"——做事不仅要注重谋划，而且一定要选择志趣相同的人共事。志趣不同，是很难想到一起的，想不到一起，还怎么能合作共事呢？

道者律也。如果你既能遵循事物的规律，又能善于谋

划，同时有志趣相同者助力，那你就极有可能成就一些事情。

　　成事首先要合道。

20

关于点与体

没有"点"就没有"线",没有"线"就没有"面",没有"面"就没有"体"。几何图形如此,世界上所有的事也莫不如此。

关于点与体

人做事的路径也大有学问。其秘诀是——大事要从小事做起,难事要从易事做起。如果把这里的"大事"与"难事"都比作是个"体",那么,这里的"小事"与"易事"也就只是个"点"。所以,不管大事、难事还是其他事,都应当从"点"做起。

为什么必须从"点"做起呢?几何学中的一个原理把这个问题说透了——点动成线,线动成面,面动成体。意思是,一切图形的形成都是从"点"开始的,没有"点"就没有"线",没有"线"就没有"面",没有"面"就没有"体"。几何图形如此,世界上所有的事也莫不如此。

其实,古人也早把这个道理讲清楚了。比如所谓"千里之行,始于足下","不积跬步,无以至千里",等等。

所以,我们决不能小看这个"点"的价值。万里长征是靠一步一步走出来的,万亩良田是用一滴一滴汗水浇灌出来的,万丈高楼是用一砖一瓦建设起来的。这里的"万"都是个"体",这里的"一"都是个"点"。想想看,没有这一个一个的"点",哪会有这一个一个的"体"呢?

然而,时至今日仍有那么一些人,或因梦想速成,或因急功近利,或因狂妄自大,有的想一夜暴富,有的想一举成名,有的想一步登天。这些人的整个身子都悬在半空中,不栽跟头才怪呢!这些人败就败在忽视乃至亵渎了他们本应起步的那个"点"。

点，在几何学里，它只是生成线与面和体的原点，但在人生这里就远不只是原点了——它既是人做事的起点，更是人成长的基点，或许还会关系到人的终点呢！

关于"点"的重要性，其实，我们读懂了古希腊哲学家阿基米德说过的一句话就足够了——"给我一个支点，我就能撬起整个地球。"

21
关于曲与直

人生道路不可能平坦笔直,犹如地球上任何一条河流不可能没有弯曲一样。直到头就是曲,曲到头就是直。

即使比着尺子画出的线也会有不直的地方,何况人生的道路!人生道路不可能平坦笔直,犹如地球上任何一条河流不可能没有弯曲一样。

汽车驾驶员的高超技术,只有在弯弯曲曲的劣等路上才能显示出来;人的意志、胆识与才能,惟有在艰难和曲折中才会更加闪光。

能爬陡坡的人决不畏惧走平路,在逆境中奋斗过来的人,更善于在顺境中生活。

温室里生长不出参天大树,院子里驯养不出千里马,在平地上即使苦练十年,恐怕也是不能攀登珠穆朗玛峰的。英雄出自战火之中,伟人出自风浪之中,天才出自勤奋之中。人要有所建树,就不能害怕恶劣的环境,也不能不付出加倍的心血。

有人生,就有曲有直。直到头,就是曲;曲到头,就是直。直,未必一定就好;曲,未必一定就坏。人生道路的曲与直,同条条公路的曲与直极为相似。由此,我们应当意识到,对于人的成长来说,有一些曲折并非就是坏事,环境复杂一些有时反倒比简单一些更好。

在复杂的环境中奋斗固然会吃苦头,但这苦头中必定孕育着甜头;在风浪中行船固然会有危险,但不破浪前进又何以能到达彼岸!在曲折的道路上跋涉固然有可能摔跤,但跌倒了再站起来,不就意味着成功吗?即使失败了也不要紧,失败不正是成功的铺垫吗？

　　一路荆棘并非绝对是坏事，一帆风顺也并非绝对是好事。荆棘丛中常常盛开着绚丽的花朵，平坦的道路上也往往有看不见的陷阱。

　　人生道路就是这样的——曲中有直，直中有曲，你要走向成功，你就要准备走曲折的路。

22 关于德与才

"才者,德之资也;德者,才之帅也"。古往今来,只有先做个好人,才能成就一番事业。

关于德与才

德与才是人生的两件珍宝。有才无德或有德无才,都是人生中的一种不幸。无论是谁,你要有所作为,就必须具有高尚品德和良好才能,并将二者和谐地统一起来。

才不仅是指拥有知识,更重要的是指富有智慧。如果说 1+1=2,是一种知识,那么智慧则能使你做到 1+1>2。如果说知识是某种东西,而智慧则是能够创造这种东西的能力。智慧不仅是活化了的知识,而且能够再生知识;它不仅是对知识的运用,而且能够创造出新的物质和精神财富。犹太人曾讥讽那些只有知识而没有智慧的人——至多也不过是个"背着很多书的驴子"。

从人生的长河看,比知识与智慧更重要的是品德。品德是知识与智慧之巅,品德是人的立身之本,品德是人生中的宝中之宝,高尚品德是永远不会过时的。

司马光在《资治通鉴》中有句名言:"才者,德之资也;德者,才之帅也"(意思是:才只是德的辅助,而德则是才的统帅)。古希腊哲学家苏格拉底说的更"绝"——"美德即智慧"。品德之所以如此重要,是因为人的所有知识和智慧,最终都是以人的高尚品德为支撑和载体的。品德好,你的知识和智慧才能真正发挥作用,如果品德不好,即使你有再多的知识和智慧也必定一事无成。

我国著名科学家王选的一生是非常成功的。王选为什么能够成功,他自己曾总结了八条原因,其中第一条是这样写的:"青少年时代注意培养良好品德,懂得要为别人着想,以身作则。先做个好人,才能成就事业。"这是他的经验之谈,也是对我们后人的谆谆告诫。

环顾生活,一些人的悲剧往往不是由于缺少才能而导演的,恰恰相反,是由于缺乏高尚品德而酿成的。这是那些天赋很好、能力很强的人,尤应引以为鉴的。

让我们都成为高尚品德的信仰者。

23

关于言与行

言行一致,是做人最基本的要求。

言行一致,也是一个人最好的名片。

一个人是否靠谱，是否值得信任，一个重要的观察点是，看他是否言行一致，既要听其言，更要观其行。

言行一致为何如此重要？因为如果你总是说一套做一套，说了不算，算了不说，不但于事无补，而且会伤及自己的人格。你一次这样，两次这样，三次还这样，时间久了，还有谁愿意与你交往或做事呢？

言行不一，是人生中的一个大忌。生活中有那么一些人总是爱玩小聪明，总想靠耍嘴皮子混饭吃，当然也有想靠耍嘴皮子往上爬的，但这种人总是不得好，因为时间一久，他们就露馅了。自然，偶尔也有得好处的，但这好处像深秋的黄叶很快就随风而去了；也有爬上去的，但很快又像上天的鸡毛被吹落到地上。这是人生中的一种悲哀。

人是要讲诚信的。一个人如果失去大家的信任会是很痛苦的，不要说能成就大事了，就连朋友也会远离你而去。所以，无论谁，都应当把言行一致作为一种美德去养成。特别是那些当官的人，更要将此作为履职的一门必修课。因为，他们面对的是广大百姓，他们的一言一行都是对自己形象的展示，如果经常假话、空话、套话、大话连篇，而在行动上很少作为，必定会大大丢分的。老百姓最后给他们的评价只能是——言论上的巨人，行动上的矮子。当官当到这个地步，还有什么意思?!

人是否言行一致，绝不是件小事情。往小说，关系到自己的得失成败；往大说，还关系到整个社会的风气。如果大家都靠耍嘴皮子过日子，那不是很可怕的吗？

言行一致，是做人最基本的要求。

言行一致，也是一个人最好的名片。

24

关于官与民

不管你官当得有多大,从根上说,你的官位都是老百姓给的,这正如不管你是伟人还是"圣人",你的生命都是父母给的一样。

关于官与民

有一句流传很广的话:"当官不为民做主,不如回家卖红薯"。这里的"为民做主",就是指要为民服务。

民是国家的主人,官是从民中挑选出来的,不管大官小官,在没有当官之前也都是个民。但有那么一些人,一当官就忘记了自己是从哪里来的,忘记了自己为什么要当这个官,不做实事,尽耍嘴皮子,搞花架子,结果,很快就被老百姓从心中抹去了。最让人不齿的是,有的人还把自己与民的位置搞颠倒了,自己竟当起了"主人",而把百姓抛在了脑后,有的甚至把百姓当作自己盘剥的对象。自然,这样的官是没有好下场的,有的被撤职查办,有的还被送进监狱。

还有这样一些情况:有的官也做事,但他们只做自己有利可图的事,而对老百姓需要做的事却毫无热情,根本不放在眼里;有的官只怕比自己大的官,而不怕百姓,大官发个脾气就好像天要塌下来了,而百姓千呼万唤也只是个耳旁风。这两类官比那些靠耍嘴皮子、搞花架子的官更让人厌恶。

为官者早早就该明白一个道理:不管你官当得有多大,从根上说,你的官位都是老百姓给的,这正如不管你是伟人还是"圣人",你的生命都是父母给的一样。你如果还知道孝敬父母,那就应当懂得为民服务。官与民,原本就应当是一种美丽的和谐。

关于官与民,历史的经验反复证明:

△△你想做个好官，心中就一定要装着百姓。

　　△△齐家治国平天下，必须做到官民统合，官民心心相印，社会才能和谐稳定。

　　△△水可以载舟，也可以覆舟；金杯银杯，都不如老百姓的口碑。

25

关于成与败

成功的含义与失败的价值,都值得我们细细地去品尝。无论对谁来说,只要你努力了,做了自己该做的事,就应该算作成功。

有人生，就会有成功与失败。成功意味着幸福与快乐，失败意味着痛苦与烦恼。所以，只要你是个正常的人，就必定会千方百计地去争取成功，而尽可能地避免失败。

可是，生活中总会有这样的情况：你想着成功，成功却常与你擦肩而过；你躲避失败，失败却常与你结伴而行。它使许多人痛苦不堪，有的人因此而失去了继续奋斗的信心，有的人因此而失去了对生活的热情，还有的人甚至因此而走上了不归之路。它提醒我们，你要活出生命的价值与意义，就必须正确地对待成功与失败。

有两点是务必要牢牢记住的。

△△成功是相对的。不是只有成就大事业才算作成功，也不是钱赚得很多才算作成功，更不是官当得很大才算作成功。世界上能够成就大事业的永远是少数人，能够当大官和成为亿万富翁的也永远是少数人。农民丰衣足食就是成功，工人生产出合格产品就是成功，医生能够治愈疾病就是成功，教师能够培养出品学兼优的学生就是成功。社会再进步、再发展，也不可能人人都成为名人与大家。有一句话是对的："不想当将军的士兵不是好士兵，但天天想着当将军的士兵也肯定不是好士兵。"谁也不要指望理想与现实能够百分之百的契合，二者之间存在落差的原因是多方面的，也是十分正常的。只要你努力了，做了自己该做的事，就应该算作成功。

△△失败并不可怕。战场上没有常胜将军，工作中没有一贯正确，成功与失败总是伴随在一起的。没有第一次失败，就不会有第一次成功，最有意义的成功往往是在最惨重的失败后取得的。苏联卫国战争的成功如此，中国红军长征的成功如此，许许多多科学家的成功也如此。多少实例表明，失败本身就孕育着成功，失败是走向成功的必经之路。所以，惧怕失败是不必要的，因为一次失败就放弃努力，这不仅是一种懦弱，而且是一种极为可怕的愚蠢。

成功的含义与失败的价值，都值得我们细细地去品尝。

26

关于上与下

人生如同乘坐电梯,上与下都是一种需要,上与下也都是一种快乐。一个人最好的状态不是你有别的什么特别之处,而是拥有心灵的自由与美好。

关于上与下

凡坐过电梯的人都明白这样一点：上与下都是一种需要，上与下也都是一种快乐。乘坐电梯如此，人生又何尝不是这样?!

然而，人在生活中，特别在仕途上，总是追求上，以上为荣，以上为乐；总是躲避下，因下而悲，因下而忧。这既是可以理解的，也是应当正确把握的。因为一些人正是由于只想着上、未想着下，而增添了太多的烦恼。

这种烦恼，在岗位上时还隐隐约约、模模糊糊，但到退休离职时，就一下子迸发出来了。有的人因下而感到失落，感到苦闷；有的人甚至因下而对生活失去了热情，对明天也失去了希望。这都是不应该的。

有上即有下，坐电梯如此，登山如此，人生也如此。人在高峰上只是暂时的，无论谁，最终都要站在平地上。人皆由平凡开始，最终又回到平凡。小人物是这样，大人物也是这样。这是人生的法则，谁也不能例外。

所以，人在高峰时，就应当想着下，下是必然的，下来后也应当像在高峰时一样快快乐乐。

有的人下来后总是乐不起来，这是不应该的。其实，高处有高处的美，低处也有低处的美。你已经阅尽了高处之美，回过头来再感受一下低处的美丽有什么不好呢？你原来不也在低处吗？要相信，低处的温馨往往是高处所不曾有的，关键是你要善于发现，学会感受。

电梯能上能下，人也应当能上能下。无论你官当得有多大，无论你在任上，还是已经卸任，都应当把自己当做一个普通人。一个人最好的状态不是你有别的什么特别之处，而是拥有心灵的自由与美好。

27

关于高与低

多少人都盼高怕低。其实,如古人所言,人呀,"往下一矮就出贵,往上一贪准不足;往小一缩就厚实,往大一摊就薄啦!"

人，本来没有高低贵贱之分，但多少人都盼高而怕低，以为高了就贵了，低了就贱了。于是，就有了这样的话——人往高处走，水往低处流，而且被认为是至理名言。殊不知，这也是人生中的一剂迷魂药。

不少人都谋着当官。当了科长想处长，当了处长想厅长，当了厅长还想升部长。为了把官当大一些，跑官要官者有之，买官卖官者有之。表面看有些人"升值"了，实际上是贬值了。周围的人骂，老百姓也骂，这样的官即使当得很大，又有什么意思?!

就说凭本事、靠业绩升官的吧，你也应当多一点自知之明。比你本事大、业绩突出的人肯定还有很多，只是还没有被发现罢了。你有今天，很可能是因为你的机遇比他们好，或者是因为有哪位贵人在帮你。所以，你千万不要以为自己有多么了不起，更不要因此而沾沾自喜、忘乎所以。

人来到世界上，经常应当想的是做好事、做大事、成大业，而不是登高枝、谋高位。古人早把话说透了——人呀，"往下一矮就出贵，往上一贪准不足；往小一缩就厚实，往大一摊就薄啦!"

做人是要守住本分的。本分是做人的底线。守住本分，你就高了；失去本分，你就非低不可。因为——失去本分就等于失去了做人的资格，而一个人如果连做人的资格都没有了，还有什么高低可言呢？

28

关于命与运

人生犹如天气,可以预测,但常常出乎意料。人在旅途中,谁都可能有时运不济的时候,这太正常不过了。

人生犹如天气，可以预测，但常常出乎意料。于是，有的人就相信"命"，认为人的一切都是命里注定的；也有的人相信"运"，以为人的得失成败都在于自己的运气如何。这都是不对的。

命与运，并非是个不可捉摸的怪物，它如同客观世界中的种种存在和梦幻世界中的各种奇妙一样，都是可以思考、可以解释、有的还是可以驾驭的，重要的不是有无命与运，而是不要迷信命与运。

智者有时也讲命与运，但他们眼中的命与运和愚者眼里的命与运完全不同。智者只将其比喻为事物发展变化的趋势，而愚者则把它当作神灵，以为人的生死、贫富和一切遭遇，都是由命与运决定的。

关于命与运，生活至少告诉我们以下两点：

△△迷信命与运的人常常被其所捉弄，这不是因为他们生来就命苦、生来就运气不好，而是由于迷信命与运而放弃了努力的缘故。

△△迷信命与运的最大害处是否定人类自身——扼杀人的奋斗精神，磨灭人的进取意志，窒息人的开拓勇气，它像鸦片一样，可以使你一时兴奋，但却会由于中毒而毁掉自身。

所以，相信"命"与相信"运"，都不如相信自己。对于命与运，我们应当像智者那样，只把它看作是一种趋势；

同时要像强者那样，努力把它引向正确而美好的方向。

人在旅途中，谁都可能有时运不济的时候，但即便如此，你也不能把账全部记在命与运上，这种"不济"，或多或少，很可能与你自己的某些不当、特别是与你自己的努力不够相关联。看看你的周围，静下心来想想，情况是不是这样的呢？

人，只有专注自己才能成就自己。

人的命与运就掌握在自己手中。

29

关于心与身

"心态若好,茅屋菜根也能过得有滋有味;心态不好,腰缠万贯也只是一种累赘。"生活无数次提醒我们,心安才能身安,"人不能在肉体还活着时灵魂却已枯死"。

关于心与身

你要有个好身体，首先须有个好心态。

心态，乃人的心理状态。在人体的各种器官中，最具有标志意义的是心脏，而在人生的各种状态中，最具有决定意义的则是心态。人要活的健康快乐，再没有比保持良好心态更重要的东西了。

人的健康包括两个方面，一是心理健康，一是躯体健康。"躯体"是"心理"的载体，但"心理"无时无刻不在影响着"躯体"。所以，人要确保躯体健康，就必须首先确保心理健康，而要确保心理健康，就必须努力做到保持心理平衡。心理平衡，什么样的诱惑都将无碍于你；心理失衡，什么样的险象都可能发生。

人生中由于心理失衡而演出的悲剧太多太多了。有的人由于精神创伤，一夜之间就仿佛老了十几岁；有的人由于精神扭曲，不惜以失去自由为代价铤而走险；还有的人由于精神崩溃，宁可告别生命而走上不归之路。这里的"精神创伤""精神扭曲""精神崩溃"，无不与心理失衡有着内在的联系。

我们应当明白，能够真正左右你生命的不是名誉、不是地位、不是金钱、也不是上帝，而是自己的心态。心态是一种巨大的能量，快乐源于心态，幸福源于心态，烦恼、忧郁、遗憾、包括某些疾病，也都源于心态。你想健康快乐，你就要经常问问自己——你的心态如何？你有多少正能量？

你有没有负能量？

"心态若好，茅屋菜根也能过得有滋有味；心态不好，腰缠万贯也只是一种累赘。"生活无数次提醒我们，心安才能身安，"人不能在肉体还活着时灵魂却已枯死"。心态是人的定海神针，心悟一切悟，心有一切有，点亮自己的心灯，你的人生才会一片光明。

人生的真谛就在于心情舒畅。

30

关于心与乐

平常心并不平常,它是从人的灵魂深处浸润出来的一种美丽。人性的弱点在于,往往来自平凡,而又鄙视平凡;往往本为平凡,而却自命不凡。

很多人都在追求快乐，但却不知快乐的根本在哪里，不知最美的东西是什么。在这方面，生活告诉我们，这乐那乐，都不如心乐；这美那美，最美不过平常心。

平常，乃人之生活的底色，它像生活中的萝卜土豆一样，虽然并不昂贵，但却不可缺少。平常心，乃人之心理的基石，但它如同实验室里的天平一样，稍有不慎，就会导致失衡。

看看你的周围，一些人、特别是某些从领导岗位上退下来的人，为什么总是乐不起来，是因为缺吃少穿吗？不是！是因为无房无车吗？也不是！问题就出在缺少一颗平常心。过去身居高位，手中有权，可以吆五喝六，可以自视高人一等，现在不行了，又放不下自己的身段。由于这个"放不下"，整个心绪都乱套了，心乱了，还能有多少快乐？

无论谁，都应当这样去想——在浩瀚的宇宙中，人如同天上之繁星，再平常不过了；也如同地上之小草，再普通不过了。在人世间，即使伟人、圣人，其之始，其之终，也均与常人完全一样。

平凡是一种美丽，平凡也是一种深邃，平凡更是一种境界。人性的弱点在于，往往来自平凡，而又鄙视平凡；往往本为平凡，而却自命不凡。这也应当算作是人生中的一种悲哀。

一个人，无论你多么优秀，无论你的业绩有多么耀眼，

也无论你身后的背景有多么显赫，都要把自己视为一个凡人，当作一个常人。而你要甘做一个凡人、常人，就首先要有颗平常心。如果你真的拥有了这颗平常心，那你就会把权力呀、地位呀、待遇呀、荣誉呀，等等，都看得很轻、很淡，从而拥有很多的快乐。

平常心并不平常，它是从人的灵魂深处浸润出来的一种美丽。你想多一些快乐，就一定要让自己的灵魂高贵起来。

31

关于动与静

人在不顺的时候,一定要学会欣赏自我,学会接纳自我,学会与自己和解,学会与自己相处。一定要谨防精神内耗——一点一点地把自己掏空。

关于动与静

　　动是一种美，但有时候静也是一种美。尤其是人的心神，该动的时候要动，但该静的时候就必须静下来。

　　生活中烦心的事很多，有些事你越想忘掉就越不容易忘掉，在这种情况下，那就把它记住好了。生活像一杯放久了的水，虽然每天都会有灰尘落在里面，但只要它静静地呆着，灰尘就会慢慢沉淀到杯子底下，杯中的水依然清澈透明。但如果你不停地振荡它，整杯水就会变得混浊。与此相类似，如果你能让烦心的事也慢慢地、静静地沉淀下来，用宽广的胸怀去容纳它们，你的心境也就会变得敞亮起来；相反，倘若你每天想着那些烦心事，心情就必定是乱糟糟的。

　　可见，动有动的魅力，静也有静的魅力。有的时候动比静好，有的时候静反比动好。动与静的和谐，也是人生的一种韵律。

　　老年人明白这一点尤为重要。养生的方式不外两种，一是动养，一是静养。动养是为了健体，静养是为了健心，而且，健心又往往是健体的前提。所以，人到晚年，一定要更加注重保持内心的平静。人生难得圆满，人心难得平静。只要你在心理上是平静的，就必定能获得更多的幸福与快乐。

　　经验表明，人要保持内心的平静，很重要的一条是，不要去攀比。错误的比较是很害人的。生活是个取悦自己的地方，很多时候不在于事情本身怎么样，而在于你自己怎么去看。会看的，烦恼中也会发现幸福；不会看的，即使已经很幸福了，也会觉得一切都很不如意。人在不顺的时候，一定要学会欣赏自我，学会接纳自我，学会与自己和解，学会与自己相处，做自己的灵魂伴侣。

　　人，一定要谨防精神内耗——一点一点地把自己掏空。

32

关于老与小

当父母的要明白,尽慈度人首先要正己。己不正怎能正人呢?你让儿女不要这样那样,而你自己却是那样做的,儿女能服气、能听得进去吗?

人从娘肚子里钻出来，先当孙子儿子，自己有了儿女当父母，有了孙子又当爷爷奶奶，真是小一遍老一遍。

为父母的，在家里都可以称作老人，但做老并不是件容易的事情。古人早把这事看透了，王善人（见注）就说过：做老，就要学会"尽慈"，"尽慈"就是度人。然而，许多人至今仍不明白其中的道理。

看看生活中一幕幕的悲剧吧！有的父母，由于任性娇惯、一味溺爱，以致儿女不务正业，家里出了个浪子，社会上多了个游民。有的父母，对外人刻薄吝啬，见贫不帮，见困不济，却只顾为儿女买房置地，自己勒紧裤带过日子，儿女们却在那里海吃愣花。还有的父母，儿女越胡造，自己越为儿女贪，结果自己进监狱了，儿女也跟着倒霉了。

这哪里是爱子！他们对儿女的一次次放纵，简直就是将其推向悬崖；他们塞给儿女的大把大把钞票，简直就是一剂剂毒药。

这哪里是尽慈！尽慈度人是有道的。打骂不合道，溺爱不合道，迁就不合道，放纵更不合道。

儿女不成才，多是因为德行不足，尽慈度人，最重要的是补德。才与福都是从德上来的，德行足了，才与福慢慢也就有了。

自然，也有问题的另一面——当父母的要明白，尽慈度人首先要正己。己不正怎能正人呢？你让儿女不要这样那样，而你自己却是那样做的，儿女能服气、能听得进去吗？

毋庸置疑，做小也要有做小的样子。做小一定要懂得敬老。晚辈们都应当记住一位老年工作者讲过的几句话：

△△关爱今天的老人，就是关爱明天的自己。

△△只有孝敬自己的父母，才能得到子女的孝敬。

△△怎样关爱自己的儿女，就应当怎样关爱自己的父母。

△△家家有老人，人人有老时。我今不敬老，我老谁敬我？

注：王善人，其真实姓名为王凤仪（1864—1937），蒙古族，出生于热河省（现辽宁省），中国近代著名的民间教育家、伦理道德宣传家。他未曾读书，因笃行忠孝，自诚而明，其讲人生，语似俚俗，意境深远。他一生中创办了700余所女子义务学校，推动女子教育的发展，被人们亲切地称为王善人。

33

关于夫与妻

你得到一个人,你也就属于这个人,一个人变为两个人,两个人却共有一个生命。夫妻相处的秘诀在于同心。同心才能同命,同心同命才能相依为命。

关于夫与妻

男大当婚，女大当嫁，人到一定年龄就要找个伴侣结为夫妻，于是就有了夫妻关系——人与人之间最为特殊的一种关系。

夫妻关系的特殊之处在于，它不同于同事关系，不同于朋友关系，不同于上下级关系，也不同于父子关系、兄弟姐妹关系以及其他所有带有血缘色彩者的关系。而在这所有的不同中，最根本的一点是，唯有夫妻关系才能形成一个家庭，而其他的所有关系都不能。

夫妻关系的特殊之处还在于，在整个家庭的各种关系中，包括父母与子女的关系、子女之间的关系等，夫妻关系始终处在核心地位，或曰主导地位。夫妻和谐，家庭和睦；夫妻纷争，家庭纷乱，因离异或丧偶而重新组建的家庭更是如此。而家——是人唯一可以终身厮守的地方。由此足见，维护好夫妻关系是多么的重要。

夫妻相处的秘诀在于同心。夫妻双方都应当有这样的境界——你得到一个人，你也就属于这个人，一个人变为两个人，两个人却共有一个生命。同心才能同命，同心同命才能相依为命。

夫妻之间不可能没有磕磕碰碰，但这种磕碰不应当成为生活的杂音，而应当通过努力使之成为一支和谐的歌。这虽然很难，但值得你去做。

怎么做呢？最能长久见效的办法就是——夫妻双方各尽

其责——关心对方、体贴对方、照顾对方、给予对方、满足对方。和谐的夫妻关系只能在双方的尽责中实现。不懂得尽责是愚蠢的，不愿意尽责是荒唐的，懒得尽责是危险的。

"人性有多复杂，婚姻就有多复杂"。夫妻双方要特别注意的是：

△△切忌怄气。因一件小事而怄气，不但会伤情，而且会伤身。

△△切忌猜疑。无端的猜疑永远是一剂苦药，决不会给人带来任何好处。

△△切忌怨恨。因某种不满而产生怨恨，并长期埋在心里是很危险的。

△△切忌得理不让人。对方说了错话或做了错事，你让他（她）一步，他（她）就会觉得自己理亏而近你一步。

34

关于长与短

生命与时间是无法挽留的,我们唯一能做的是珍惜。一个人能活多少岁,永远是个未知数。但不管你活多少岁,首先需要关注的是——你应该以什么样的态度对待生命。

人生总会有长有短，是长是短，也不是你自己完全能够驾驭的。活60岁是一生，活80岁、90岁也是一生。重要的不在于你能活多少岁，而在于怎样去珍惜生命的每一个章节。一年是一个章节，十年更是一个章节，人生的大文章就是由这各个具体的章节组成的。多少智者的经验告诉我们，与其计较生命的长短，倒不如看重生命的章节。因为只有写好生命的每一个章节，才能写好你人生的整篇文章。

其实，文章的长短有时并不十分重要，最具关键意义的是文章的内容。有谁能说"短文章"就一定不如"长文章"好呢？王勃死时仅28岁，却留下了千古不朽的十六卷诗文作品。贾谊死时32岁，王弼死时24岁，夏完淳死时只有17岁，然而他们的英俊天才却都流传至今。他们的人生文章不都写得很好很美吗？

有限的生命由两个部分构成，一部分是幸福，一部分是痛苦。人应当努力做到的是，千方百计地延长幸福的部分，而尽可能地缩短痛苦的部分。快乐的人生是幸福多于痛苦，烦恼的人生是痛苦多于幸福。

人生文章怎么写，中国当代书画家丰子恺先生堪称我们学习的榜样。他一生从容乐观、珍惜时光，哪怕是在逃亡当中也不错过身边的"风景"。他的那幅名画《跌一跤，且坐坐》就是在逃难中完成的。他的女儿丰一吟在谈到该画时这样说："别人逃亡中，跌倒了是恨不得立马爬起来往前冲，悔都悔死了。他可不这样。反正跌到了，干脆就坐在地上开心休息会儿。"这幅画看似简单，却折射出丰先生对生命的平和态度，也正是这种对生命的平和态度，成就了他美丽的一生。

　　生命与时间是无法挽留的，我们唯一能做的是珍惜。一个人能活多少岁，永远是个未知数。但不管你活多少岁，首先需要关注的是——你应该以什么样的态度对待生命。

35

关于生与死

人生犹如几何图形中的一个圆。这个圆无论是怎样画出来的,它都必定是既有起点也有终点的。但如果把这个圆呈现在你的面前,让你找出起点在哪里,终点在哪里,却是异常困难的。人的生死难以测试,与难以找到圆的起点与终点极有相似之处。

有生必有死。生意味着死的来临,死意味着生的结束。人来到世界,又要离开世界,这是谁也不可抗拒的自然法则。

人生犹如几何图形中的一个圆。这个圆无论是怎样画出来的,它都必定是既有起点也有终点的。但如果把这个圆呈现在你的面前,让你找出起点在哪里,终点在哪里,却是异常困难的。人的生死难以测试,与难以找到圆的起点与终点极有相似之处。

人在少年时就想到死的不多,青年人担心死亡的也不会很多,但当你进入中年、特别是老年后,随着疾病的增多,衰老与死亡的阴影就可能在脑海里渐渐地浮现出来。这虽然均属人生中的正常现象,但它提醒我们,你要多一些健康与快乐,就应当及早明白其中的一些道理,并以正确的态度对待之。

关于疾病。

人岁数大了容易生病,犹如机器运转得久了容易生锈一样,是再正常不过的事情了。你应当持有的态度是:

——无病防病。重视体育锻炼,舍得在金钱和时间方面进行健康投资。

——有病治病。一要靠大夫,用药物赶走疾病;二要靠自己,用精神赢得健康。有时候还要把带病生活也当作生活的常态。

——视大病为小染。即使重病缠身，也要保持乐观的态度。

关于衰老。

有年轻就会有衰老。重要的不在于你是否会衰老，而在于怎样才能延缓衰老。你应当记住以下两点：

——你是否衰老，不仅要看生理年龄，更要看心理年龄，只要你在心理上是年轻的，你就没有衰老。

——能够让你在心理上保持年轻的最好办法，就是忘记年龄，面向明天，多一些从容，多一些坦然。

关于死亡。

人到晚年，是最当彻悟的时候。随着岁月的延伸，我们对死亡的认识也应该进入一个新的境界。这种境界可以概括为下面几句话：

——生是偶然的，死才是必然的，"死，只是生的一条尾巴而已"。

——婴儿落地时伴随的是哭声，人离开世界时伴随的应当是安详。

——只要你的人生是辉煌的，死亡也会是光亮的，所有的恐惧都是不必要的。

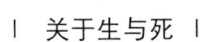

——人要健康长寿，比幸福感、快乐感、年轻感更重要的是心理上的安全感。

重重的人生，轻轻地走过。

36

关于念书与念人

教师当然要传授知识,但绝不可忘记,教师首先是教人的。是既管教书又管教人,还是只管教书不管教人,好老师与差老师之间的最大区别也许就这么一点点。

关于念书与念人

从前,人们习惯把上学读书称之为念书,这没有什么不对。但在王善人看来,这话还没有说到根上,于是他把念书改称为念人。

为什么如此改称呢?因为在古人看来,书是圣人写的,诸如老子、孔子、孟子,哪一个不是圣人!由此,古人认为,读书就是学圣。

为什么要学圣呢?因为圣人之所以有学问,能写出书来,首先是由于他们做人做的好。所以读书就是学圣,而学圣首先是学做人。因此,念书首先要念人。

明白上述道理,对今人实在太有必要了。

今人中视读书无用者有之。在这些人看来,当下最重要的是挣钱,有钱就能买房买车,男人有钱就能娶个漂亮媳妇,女人有钱不找老公也能过个好日子。至于读书么,已是过时的事情。此类情形,实乃灯红酒绿中的一种悲哀。

今人中很多人还是看重读书的,特别是那些还在上学的小青年。但让人担忧的是,他们在读书的时候,心里常装的是名校的牌子和名校的那张文凭。这不能说全错,可确实存有偏颇——他们是光念书不念人。难怪一些捧着名校文凭的人步入社会后却好像什么也不懂——不懂得如何要求自己,不懂得怎样尊重别人,不懂得感恩,有的人甚至连孝敬父母也忘记了。此类所谓的学子,又有多少用处呢?

今人中还有这样一种人,读书只知要多、要熟,却不知照书去践行。他们满肚子知识，说起来头头是道，做起来却啥也不是，念书竟念傻了，念呆了。他们的知识仿佛只是用来装潢门面的，或者是用来吓唬人的，可谓书归书，人归人，空学没习，只学不用，表面看因书而荣，其实是因书而废。

当今的孩子，念书不念人，这与老师不无关系。教书实乃教人——以书育人、以德育人、以善育人、以贤育人。教师当然要传授知识，但绝不可忘记，教师首先是教人的。是既管教书又管教人，还是只管教书不管教人，好老师与差老师之间的最大区别也许就这么一点点。

育人应当从小抓起。除了重视家庭教育外，我期望——有一天我们的小学、中学、大学都能开设人生课，让孩子们在步入社会前，就能懂得许多做人的道理。这肯定是一件利国利民的好事。

关于读书与人生

书中有人有物、有天有地、有古有今、有中有外。读书是一种灵魂的享受,读书也是一种很好的生活状态。人的改变,往往是从读书开始的。

在古代，皇帝总要给皇子们找个好老师（叫太傅），干什么呢？读书。在今天，连当保姆的阿姨也要拼死拼活给孩子找个好学校，为什么呢？也是为了读书。至于那些有钱人更是不惜花重金也要让孩子上个名校，为什么呢？望子成龙嘛！如此看来，孩子必须读书，已是人所共知的事情。

然而，让人遗憾的是，时至今日，很多大人们却并不把读书当回事，该做事还做事，就是不把读书当回事。某些人，尤其是有的"老总"，办公室的书架豪华得很，书架上的书也多得很，但就是不读，只是装潢门面，做个样子而已。还有一种情况也颇让人担忧。不少人，特别是一些年轻人，手机寸步不离，一早醒来睁眼就看，聊起天来，好像什么都知道，但要问为什么，就答不上来了，其原因就在于只看手机不读书。

世界在变，时代在变，生活在变，人也在变，但这变那变，人要读书不能变。我们必须悟透一个道理，书中有人有物、有天有地、有古有今、有中有外，书是人类进步的阶梯，书是人生路上的明灯，读书能够改变人生。

经验证明，人的改变往往是从读书开始的。由无知而变得有知，由自卑而变得自信，由懒惰而变得勤奋，由怯懦而变得勇敢，由软弱而变得坚强，由无智而变得有谋，由无为而变得有为。正是由于这种改变，才成就了很多人的一生。闭目想想，凡称得上伟人、名人、大家的，有谁不是从读书开始的？

请相信吧，有人生就有读书，读书才能美化人生，读书才能强大人生，读书才能成就人生。

请记住吧，小孩子要读书，成年人要读书，老年人也要读书，读书是人一辈子的事情。读书是一种灵魂的享受，读书也是一种很好的生活状态。

38

关于格局与人生

生活中有这么一些人,有的事情原本已经过去多少年了,但就是抱住不放;有的事情原本就是不可抗拒的,但就是扛着不放;有的事情原本就是无法预知的,但总是懊悔不已。由此而来,本不该有的烦恼也有了,这该怪谁呢?就怪自己的格局太小。

关于格局与人生

格局,乃对事物的认知范围,也应当包括待人处事的态度与思维方法。一个人的格局是大是小,直接关系到其整个人生。

生活中有这么一些人,有的事情原本已经过去多少年了,但就是抱住不放;有的事情原本就是不可抗拒的,但就是扛着不放;有的事情原本就是无法预知的,但总是懊悔不已。由此而来,本不该有的烦恼也有了,这该怪谁呢?就怪自己的格局太小。

曾国藩说:"谋大事者,首重格局。"何以如此?只因为——大事必难,而难则必谋,而谋则必有眼光、必有肚量、必有气魄,而这眼光、肚量、气魄如何,就决定了人的格局大小。格局大者能成大事,格局太小者,恐怕连小事也成不了。

中国文艺大师丰子恺曾说:"你若爱,生活哪里都可爱。你若恨,生活哪里都可恨。你若感恩,处处可感恩。你若成长,事事可成长。不是世界选择了你,是你选择了世界。既然无处可躲,不如欢乐,既然无处可逃,不如喜悦。"丰老先生的这番话讲的不也是格局吗?可见,一个人格局大小,不仅关系到事业,也直接关系到你的生活和对待生命的态度。

人的格局不是抽象的,而是具体的。你——能拿得起是一种格局,能放得下也是一种格局;能视失去为得到是一种

107

格局，能视糊涂为聪明也是一种格局；安于自己的平淡是一种格局，不嫉妒别人的繁华也是一种格局；受表扬不骄傲是一种格局，受委屈不抱怨更是一种格局；在成功面前不沾沾自喜是一种格局，在失败面前依然昂首挺立更是一种格局；在顺境中保持清醒是一种格局，在逆境中仍能奋起更是一种格局。

　　格局，说到底是一种境界。人生最大的格局是：有我而无我，无为而有为；"计利当计国家利，求名应求万世名。"

39

关于守衡与人生

生命喜欢守衡而惧怕失衡。想想看,那些喜怒无常的、破罐子破摔的,包括入狱坐牢的、跳楼自杀的,哪一个不是由于失衡(特别是心理失衡)所致?!所有的失衡,都与人之心绪的变化密切相关。守衡,首先要守住你那颗原本清亮的心。

人生是一个精密的大系统，其精密程度要远远超过航天飞机。这就决定了，你要行稳致远，就必须拥有持续且稳定的平衡。

人生路上，有得就有失，有失就有得，得与失是一种平衡；有喜就有忧，有忧就有喜，喜与忧是一种平衡；有甜就有苦，有苦就有甜，甜与苦是一种平衡；有上就有下，有下就有上，上与下是一种平衡；有进就有退，有退就有进，进与退是一种平衡；有直就有曲，有曲就有直，直与曲也是一种平衡。

人生如一台天平，一端承载着希望，另一端承载着付出。你有多少希望，就该有多少付出；有多少付出，才能有多少希望。自然界的灾难，多是由于生态的失衡引发的；生活中的悲苦，多是由于人生的失衡酿成的。

人生需要守衡，这不是上天的命令，而是生命的本真。既显见又颇具说服力的，莫过于我们肌体的构成。

你看：人有左眼右眼，有左臂右臂，有左腿右腿，还有——左肺与右肺，左心房与右心房，就连耳朵、鼻孔也是一左一右。这左与右，不都是一种平衡吗？不看不想不知道，一看一想真奇妙！

生命喜欢守衡而惧怕失衡。想想看，那些喜怒无常的、破罐子破摔的，包括入狱坐牢的、跳楼自杀的，哪一个不是由于失衡（特别是心理失衡）所致？！不看不想不足道，一看一想吓一跳！

　　古人云："蜈蚣百足，行不及蛇。雄鸡两翼，飞不过鸦。马有千里之程，无骑不能自往；人有冲天之志，非运不能自通。"人生在世，不如意的事情有太多太多。人啊，不管遇到什么事、在什么情况下，还是以多一些清醒和想得开为好，因为不清醒、想不开就会导致失衡，而失衡招来的只能是痛苦，甚至是灾难。

　　所有的失衡都与人之心绪的变化密切相关。守衡，首先要守住你那颗原本清亮的心。

40

关于错误与人生

我们都在走向真理的长河中游泳,谁都有呛几口水的可能。如果有谁想一点错误也不犯,那他就一件事也不要去做。人生没有白走的路,也没有白吃的苦。有抱负的人应该把错误也看作是引领自己走向成功的一位老师。

关于错误与人生

人能不犯错误最好,但谁也不能保证自己不犯错误。如果说成功是人生向往的朋友,那么,错误则是人生抛不掉的伙伴。

人都不想犯错误,有的人甚至幻想一辈子不犯错误。其实,这本身就是一种错误。人非圣贤,孰能无过?谁也不是真理的化身,谁也没有终结真理的权利。大家都在走向真理的长河中游泳,谁都有呛几口水的可能——犯这样那样的错误。如果说还有例外,那只有没出生的婴儿和已经死去的人。

不要以为只有吃过错误苦头的人才怕犯错误。相比之下,一些洁身自好、似乎毫无疵点的人更怕犯错误,也更容易犯错误。因为前一种人虽然吃过错误的苦头,但他只要是个明白人,就会"吃一堑,长一智",既能增强承受错误的能力,也能增强不再犯此类错误的免疫力。而后一种人则不然,由于没有品尝过错误的教训,在错误面前还只是个小学生。所以,也可以说,今天犯错误,今后才有可能不犯或少犯错误。

如同小孩子不摔跤就学不会走路、指挥员不打败仗就学不会打胜仗一样,人不犯错误就不能成为一个真正成熟的人。人不但需要从成功的经验中学习,而且非常需要从错误的教训中学习。成功能够激励人,错误能够刺痛人,而刺痛给人留下的印记往往要比激励更深刻一些。

人生没有白走的路，也没有白吃的苦。有抱负的人应该把错误也看作是引领自己走向成功的一位老师。苦口良药利于病，错误悔人利于行。如果有谁想一点错误也不犯，那他就一件事也不要去做。

41

关于人性与水性

人生最难面对的并不是生死,而是利益。利益伴随人的一生,利益是人生最大的诱饵。人生在世,争的抢的不都是利益吗?然而,不管是争来的还是抢来的,最后还不都是别人的?!人要向水学习——随圆就方、可高可低、不争不抢,拥有上善若水之境界。

人有人性，水有水性。而有趣的是，人性的某些弱点，恰是水的优点。

水，可在高处，也可在低处；随圆即圆，随方即方；它能融入山间之小溪，也能融入浩瀚之大海；它能滋润万物，但却不与万物相争。而人性的一大弱点，就在于一个"争"字。与天争，与地争，与人争，与物争。争什么呢？有的争权、有的争钱、有的争名，还有的争女人，但归根到底是争利益。争到了就高兴，争不到就痛苦，争到极限，还可能引发命案。想想看，人间的许多不幸，不就是这样争出来的吗？

所以，人要向水学习。

向水学习——随圆就方。人的一生都在路上，大路要走，小路也要走；平路要走，山路也要走；直路要走，弯路也要走；陆路要走，水路也要走。该走什么路就走什么路，一切随遇而安，一切顺其自然。

向水学习——可高可低。别人比你高，千万不要嫉妒；你比别人高，千万不要自傲。高处有高处的美，低处也有低处的美；是高是低都一样，最后都要躺在病床上。

向水学习——不争不抢。人生短暂，生不知何时，死不知何处。但人生最难面对的并不是生死，而是利益。利益伴随人的一生，利益是人生最大的诱饵。人生在世，争的抢的不都是利益吗？然而，不管是争来的还是抢来的，最后还不都是别人的?！

水的优点，是大自然赐予的；人性的弱点，是人自身酿成的。人要活得像水那样自在，必须靠自己去修炼——拥有大自然那般广阔的胸怀——视失为得，视无为有，视低为高，视人为己。

42

关于小我与大我

人不能只活在自我的世界里,自我的世界再大,也是极为渺小的——如同夏日的一滴水,太阳一晒就干了;也如同深秋的一片黄叶,风一吹就掉了。

关于小我与大我

一个"我"字，常能把人搞得自己不是自己。你要活出生命的意义，就必须善待这个"我"字。

人不能没有自我，但决不能过分自我。没有自我，你的生命将会变得索然无味；但如果过分自我，你的生命则必定会失去光泽。

什么是我？我就是自己吗？太狭隘了！我就是上帝吗？太夸张了！还是佛家说得好——我就是无我，无我就是有我。

怎么看我？我一定比你弱吗？太自卑了！我一定比你强吗？太狂傲了！还是哲人说得好——我只是棵小草，但我长在肥沃的土地上。

我，不仅不是只有自己，也不仅只是有强弱之分，我们特别要意识到的是，这个"我"还有大小之别。就一个家庭而言，父母是个大我；就一个单位而言，员工是个大我；就一个国家而言，人民是个大我。你再富再贵再强，也只是个小我。

人生中的喜剧，无不缘于大我；而人生中的悲剧，则往往缘于过分自我。人的境界不同，其生命的光亮程度就大不一样。人不能只活在自我的世界里，自我的世界再大，也是极为渺小的——如同夏日的一滴水，太阳一晒就干了；也如同深秋的一片黄叶，风一吹就掉了。

人应该活在大我之中，把自己这个"小我"看得轻一些,把人民这个"大我"看得重一些,并时时注意把个人之"小我"融于人民这个"大我"之中。

　　一个"我"字,能测试出人的心灵;一个"我"字,也关乎到你的整个人生。一个人如果心里只有自我,这不仅是一种愚蠢,也不仅是一种自私,更是对生命的一种亵渎。

　　珍惜生命,务必要从善待自我做起;善待自我,务必要从心里能装得下别人做起。

43

关于聚灵与收脏

人绝不可把自己高估了,高估自己,实际上是把自己放低了。有的人连父母有权、家里有钱,也作为高估自己的理由,这种人不虚度年华、荒废生命才怪了。

王善人把寻找别人的好处称为"聚灵",将专找别人毛病称为"收脏"。他说,"聚灵"就是收阳光,"收脏"就是存阴气。这也堪称至理名言。

怎么看自己,又怎么看别人,这绝不是一件小事情。你有多少快乐,又有多少烦恼,均与此密切相关;你能有多大的作为,成就多大的事业,也与此不无关联。

生活中有这样一些人,总以挑剔的眼光看别人,横看竖看、左看右看,都不顺眼;浑身上下、从里到外,一点好处也没有,简直就是一堆豆腐渣。而对自己呢?却总是以欣赏的眼光看,不管怎么看,半点毛病也没有,仿佛就像一朵正在盛开的牡丹花。这实在是大错特错了。大凡智者都明白这样一点,你的身上即使有很多好处,但你也绝不可把自己高估了,高估自己,实际上是把自己放低了。有的人连父母有权、家里有钱,也作为高估自己的理由,这种人不虚度年华、荒废生命才怪了。

对一些人来说,比正确看待自己更重要的是,要善于多看、并用心去寻找别人的好处。假如你把自己比作一棵禾苗,找别人的好处,就等于是给自己施肥,会使你长得更茂盛、更壮实一些。不仅如此,日子久了,它还能生出智慧水来,把你练得像水一样,进入"上善若水"之境界。

有人会说,别人身上真有那么多好处吗?回答是肯定的,关键在于你怎么看和如何去寻找。只要你有一颗真诚的心，沙漠里能找到绿洲，垃圾里也能找到宝物。即使恶人也有好处，正面找不着，就从反面找，从反面找到的好处或许更有价值。

村村都有诸葛亮，人人都有闪光点。找别人的好处，一不能自矜，二不能争理，三不能计较，否则，找到的都是别人的不是。

44

关于做人与修德

人之德,如树之根。植树,首先要让其生根;做人,首先要让自己立德。人生最好的作品应该是自己。

关于做人与修德

人生难,难在哪里?不是难在做事,而是难在做人。做人难又难在哪里?难就难在人生面临的迷惑太多。

世界本身就是个迷魂阵,一个人要不为任何东西所迷并不容易。有的为钱所迷,有的为权所迷,有的为情所迷,有的为名所迷,奇怪的是,人迷什么就受什么的害,迷钱的毁在钱上,迷权的毁在权上,迷情的毁在情上,迷名的毁在名上。

人被迷的还有很多。有迷朋友的,结果为朋友所欺;有迷古玩的,却惹来杀身之祸;有迷虚荣的,到头来被虚荣所害;有迷小聪明的,最后却自己算计了自己。

人入迷的情况虽各不相同,但原因却基本一样。用古人的话说,叫被"鬼"迷住啦;用今人的话说,叫"德不到位",或"德不配位",问题都出在一个"德"字上。

做人首先要立德。人之德,如树之根,根正才能苗红,根深才能叶茂。一棵树即使长得高高大大,如果根烂了,也必死无疑。一个人即使官当得很大很大,如果德毁了,也必定要倒霉。所以,人要成长和发展,要活出生命的意义,就必须修德。知人先知德,用人先用德,做人先修德。修德,乃防止入迷之要道。

所以,无论谁,都应当把做人当作自己一生的必修课,自觉地去修,主动地去修,活到老,修到老。要记住:修庙不如修人,修人不如修我,修我不如修德。如果你能做到德高而又学厚、富贵而又不淫、贫贱而又不移、超群而又不恃、功高而又不傲,那你的人生就必定会是和谐而富有韵律的。

人生最好的作品应该是自己。

45

关于识人与做事

在这个世界上,最难面对的不是人,也不是事,而是利益。利益几乎是可以牵动一切的。你看透了这一点,才能真正明白——为什么只有在做事中才能识人的道理。

你要真正认识一个人，单靠一般的交往、哪怕是长时间的交往都是不行的，而是必须通过做事。这不是由于你缺乏交往艺术，也不能怪你眼力太差，而是源于——人原本就过于复杂。

人之所以复杂，难以识别，并非人是由什么特殊材料构成的，而在于人有一颗心。人的心是肉长的，这与动物没什么区别，但人是会思维的，一个人心里在想什么，你是看不见、摸不着的。尤其那些狡猾刁蛮之人，他们的心更是用七层八层的铁皮裹着的，你即使有火眼金睛也是看不清楚的。《西游记》里的孙悟空，不也有上当受骗的时候吗？

很多善良人的悲哀都在于轻信，几句好话入耳就对人家顿生好感，如果再有几杯烧酒下肚去，马上就成了朋友。善良人是最容易袒露真心的，而这又给了刁蛮者可乘之机，他们在赞美你多么高尚的同时，却悄悄地设下了圈套，让你在不经意中钻了进去。这时刁蛮者更会把你捧得更高，说你不仅品德高尚，而且是天下少有的智慧人物。在这一片热气腾腾之中，你已经把他视为了"知己"。可你哪里想到过，一个阴谋或者骗局正在向自己降临。生活中因此而吃亏上当的还少吗？

然而，即使绝顶高明的伪术也毕竟有限，当你在和他一起做事的过程中，特别是在发生利益碰撞的时候，其真相就露出来了。你突然会发现他变得和以前大不一样了。往日他那么慷慨大方，现在却变得斤斤计较；往日他对你无话不说，现在却变得守口如瓶；往日他对你彬彬有礼，现在却变得出言不逊；往日他好像特别光明正大，现在却忽然搞起了暗箱操作；往日他对你百依百顺，现在却要一切由他说了算。这时，你会觉得一切都不好理解，哀叹道："我怎么读不懂这个朋友了?!"

问题到底出在哪里呢？原来，他很早就另有所图，以往的一切美言都是谎言，以往的一切美好早已被私利这个魔鬼所扼杀。此时你才恍然大悟，啊！只有在做事中才能识人。

无数次经验表明，在这个世界上，最难面对的不是人，也不是事，而是利益。利益几乎是可以牵动一切的。你看透了这一点，才能真正明白——为什么只有在做事中才能识人的道理。

46

关于检点与放纵

人的自由更多的应表现为一种心灵的自由,而不是行为的自由,心灵不为外物所羁绊,才能实现人生的真正自由。

关于检点与放纵

人必须检点。人需要检点,犹如树木生长需要修剪一样。

检点自己的言行,这是人的一大美德。孔子曰:"吾日三省乎己"。又曰:"君子有九思:视思明,听思聪,色思温,貌思恭,言思忠,事思敬,疑思问,忿思难,见得思义。"他对己对人的要求可谓严格且细致入微。

有的人不注意检点自己的言行。在他们看来,大节无错则可以,小错不断也无妨。他们忘记了一个事实:"千里之堤溃于蚁穴",小错也可能招来大祸。

有一种人不愿意检点是为了保持自由。他们以为自由可以不受任何东西的约束。这种人正如一位哲学家讽刺的那样——可能会认为腰带与鞋带也是一种束缚呢!

还有一种人,甚至以不拘小节为荣,他们误以为拘泥小节会变得谨小慎微。这种人往往胆子很大,但吃的苦头也很多。

更有一种人,他们只要求别人检点,而自己却放纵。结果别人在检点中前进了,自己却在放纵中落伍了。

实际情况是,小节上的放纵也许可以得到一时的快慰,一时的满足,但终究会后悔的。因为放纵使他们经常处于不清醒之中,放纵犹如嗜酒,越喝越醉人。所以,许多不注意检点自己言行的人,其后果都与本来的愿望相反。

检点的最大好处是,能够促进人的精神成长——思想上是洁净的，道德上是清白的，智慧上是明豁的，因而能够抵御各种邪恶的诱惑，保持人格的纯贞——而这正是一切想成大事者必备的条件之一。

放纵与检点正好相反，它能给人带来的某些"好处"，往往都是引人自毁的诱饵，放纵者最后品尝到的必定是一枚"甜蜜"的苦果。

放纵自己是人类较为卑劣的天性之一，多少人吃了它的亏却不醒悟，这是应当引以为训的。

记住一位哲人的忠告吧——"人的自由更多的应表现为一种心灵的自由，而不是行为的自由，心灵不为外物所羁绊，才能实现人生的真正自由。"

47

关于怨人与省己

世界上没有完人,你自己也肯定是个有缺点、有毛病的人,千万不要以为自己一贯正确。智者省己,愚者怨人。省己是修身养性、提升自我的一剂良药。

一事当前，是怨人还是省己，能测试出一个人的境界与修养水平。

生活中有不顺心的事太正常了，但稍不顺心便去怪怨别人，就太不应该了。且不说有些事本来就与别人毫无关系，即使有某些瓜葛，也不该动不动就在别人身上找原因，而把自己脱得干干净净，仿佛自己是个"常有理"。

毫无道理地怪怨别人，固然也会伤到对方，但首先伤害的往往是自己。生活中有这样一些人，他们即使嘴上不说什么，心里也在怨，越怨心里越难过，越难过就越有气，这叫自找气受，自找苦吃。怨气存在心里，时间久了，是会憋出病来的。人找气受，犹如自服毒药，是很危险的。这种人是天下最糊涂的人。

一味地怨人而不反省自己，时间久了还会形成一种病态，变得让人不可捉摸、不可理解。人一旦惹上这种毛病，心态也会变的。在他们看来，自己永远是有理的，别人都是过错方，都得让着他。然而，生活中有谁又能事事让着你呢？即使父子之间、母女之间、夫妻之间，也有个谁对谁错的问题。他（她）可以让你一次两次，或三次五次，但不能永远都让着你吧?! 你错了，还总想让别人让着你，你也就变得不可理喻了。

智者省己，愚者怨人。这话永远是对的。人都应当明白的是：

△△世界上没有完人,你自己也肯定是一个有缺点、有毛病的人,千万不要以为自己一贯正确。

　　△△有的问题虽然发生在别人身上,但只要与你有某些牵连,就绝不要想着马上脱身,更不要只是去怪怨他人,而应当去反省自己。

　　△△即使问题全部是由别人造成的,你也应当多一点宽容,千万不要得理不让人,更不要把得理也当作怨人的理由。

　　△△省己是修身养性、提升自我的一剂良药。

48

关于精明与糊涂

人难得糊涂。糊涂是彻悟的宠儿。会糊涂的人很少生气,往往都能活个大岁数。

关于精明与糊涂

人的精明大体可以分为两类。一类是"大聪明",为人处事都能以"大"为先,以"本"为真,顺应时势,坦然面对;另一类是"小聪明",处人待事常常目光短浅,主次不分,乐于计较,精于算计。两类聪明境界不同,结果也完全不同。前者不怕失去西瓜却能得到西瓜,后者只想着得到西瓜,而在实际上得到的却多是芝麻。

所以,我们一定要意识到,人在某些时候,特别是面对一些小事情,与其精明一些,反倒不如糊涂一些更好。情况往往是这样的——聪明到极点,就是糊涂;糊涂到极点,就是聪明。

郑板桥说过,人难得糊涂。为了少一些烦恼,多一些快乐,人在有的时候还应当学会自装糊涂。谁在生活中都免不了有各种各样的小麻烦,倘若事事都要丁是丁、卯是卯,搞个一清二楚,那就难免把小麻烦变成大麻烦。此时如果你能自装糊涂,倒可以将麻烦消弭于无形,犹如玻璃上的污垢,用钢丝球擦会越擦越糟,但用棉布轻轻一擦,便没有了。自装糊涂绝非自我欺骗,有人将之喻为"不战而屈人之兵",这是很有道理的。

有的人会说,我也想装装糊涂,但很多时候就是装不了。这是为什么呢?原因可能是多方面的。比如,怕失去面子,怕失去尊严,有的还怕别人说自己软弱、说自己无能,等等。但这怕那怕,归根到底,是怕矮了自己,是争强好胜的心理在作怪,难得糊涂也许就难在这里。这类人需要记住的是,一定要把心量放大一些,把眼光放远一些,把人间烟火看透一些。

糊涂是彻悟的宠儿。会糊涂的人很少生气,往往都能活个大岁数。

49

关于虚名与务实

人有个美名也是一种特别的享受。我们只是要记住——行动犹如琴弦,名声犹如琴声,美的名声永远是美的行动发出的回音。

虚名像雨后的彩虹，虽然好看，但决不会长久。图虚名而不务实的人，最多只能当作陪衬而不能被重用。

虚名者与务实者的不同之处在于，前者视名为命，后者以实至上；前者有名无实，后者名实相符；前者追求表面形式，后者注重实际内容；前者用言词美化自我，后者用实绩证明自己。所以，十个图虚名的人也比不上一个踏实肯干的人。

注重虚名的人，表面看也很聪明，实际上是非常愚蠢的。因为即使最好的虚名也能被一个微小的事实戳穿。虚名经不起事实的检验，正像纸里包不住火一样。

然而，时至今日，仍有一些人那样地热衷于虚名。有的人并无真才实学，却硬要挤到院士、教授的行列里；有的人自己不动手写作，但发表文章时却要把自己的名字写上；有的领导干部平日里工作马马虎虎，但公开露面时，对名次排列、职务称呼却格外较真；有的人甚至以虚名压人，自己意见不对，也要求别人服从；还有的人不惜说谎造假，以国家和人民的巨大损失为代价换取个人之虚名。凡此种种，令人深恶痛绝。有识之士惊呼，虚名也是一种灾难。

如何对待虚名，对个人来说是品德问题，对社会来说则是风气问题。图虚名是为了得实惠，虚名之所以能够盛行，是因为有机可乘、有利可图。倘若虚名变为苍蝇，它是决不会有市场的，图虚名的人也必定会减少许多。

人有个美名也是一种特别的享受。我们只是要记住——行动犹如琴弦,名声犹如琴声,美的名声永远是美的行动发出的回音。

50

关于魅力与素质

人之魅力犹如磁铁之吸力，它决不是由其外形所决定的，而是由其内在的素质铸成的。谁想拥有魅力，那就一定要加强自身素质的修养。

关于魅力与素质

魅力是个迷人的东西,多少人向往它、追求它,但却得不到它,其原因就在于,他们忽略了自身素质的修养。

所谓魅力,是指能够吸引人的力量。而人的这种力量既不是可以佯装出来的,也不是可以打扮出来的,它更多的是其内在素质的自然流露。

生活中不乏这样的情况:有的人虽然珠光宝气,一身富贵相,但却毫无引人之处;而有的人尽管装束平平、普普通通,却颇有吸引力。有的人看去衣冠楚楚、派头十足,但并不讨人喜欢,反倒给人矫揉造作之感;而有的人即使貌不惊人,但说话充满哲理、办事果断利落,仍给人富有力量的美感。有的人以为能言善辩可以增加魅力,但有的人即使沉默不语也为人称颂。事实表明,人之魅力犹如磁铁之吸力,它决不是由其外形所决定的,而是由其内在的素质铸成的。

上述种种情况表明,提高人自身内在素质对增强其魅力是何等的重要。内在素质差的人,最终必定是魅力的贫困者。一味追求表面华丽而不注重自身内在素质修养的人,他们所经营的最多也不过是一片繁华的沙漠。这样的人只能沦为魅力的奴隶,而决不会成为魅力的主人。

所以,如果你是个容颜漂亮的女郎,又想获得魅力,那就千万注意不可以姿色取胜,而要着力于举止修养,因为优美的举止本身就蕴含着自然和纯真,凝聚着光彩和美丽。同样的道理,如果你其貌不扬,也决不要以为魅力这只凤凰就一定会远走高飞，内在素质的高尚修养，终将会唤它降临在你的身上。良好素质的一大奇特作用是：如果你外形很美，它会使你变得更加美丽；而如果你外貌并不美丽，它将把你的容颜重新打扮，变得一样令人羡慕不已。我们完全可以这样说，素质的修养对于人之魅力，就像物理学家要寻找的那种磁力一样，它能使普通的黑铁变为磁铁，使粗俗的人变为高雅的人。

宝石的光彩不靠衬景，人之魅力不靠装饰。你想具有魅力，那你就一定要加强自身素质的修养。

51

关于气质与修养

气质,是从人身上散发出来的一种较为神秘的气息。气质与修养永远是高度默契的。

气质，是从人身上散发出来的一种较为神秘的气息。

一个人的气质如何，即使用十分精密的仪器也是检测不出来的，但身边的人却能看得到或感受到，因为它能外溢出一个人的内在素质和修养水平——是高洁还是低俗。正因如此，凡有上进心的人都极为注意提升自己的气质，一些男女青年（特别是女孩子）在挑选自己的另一半时，更是把对方的气质看得比相貌、身材、经济条件还重要。

人的气质——这种较为神秘的气息是从哪里来的？肯定地说，不是从娘肚子里带来的，也不是靠自己装扮出来的，更不是上天赐予的，而是从人的深处——由品德、知识、智慧、经历等凝成的——被称为素质的这样一种存在中——自然而然地散发出来的。素质高的人，散发出来的多是高洁之气，素质差的人，散发出来的则多是低俗之气。素质，乃气质之源、气质之母、气质之本。谁想多一些高洁之气，谁就应当在素质的修养上多下功夫。

然而，生活中不乏这样的情况：为了多一些高洁之气，有的人却把功夫下在外表的装扮上，以为穿名牌、披金戴银就有气质了；有的人则把希望寄托在挣钱上，以为钱多了，住豪宅、坐豪车，就有气质了；还有的人，或许以为官当大了，社会地位高了，就有气质了。所有这些，都是对气质的一种误解。这样想、这样做，只会适得其反——不但不能获得高洁之气，连原有的简朴之气也会失去很多。

关于气质与修养

气质与魅力有相似之处。人所期望的气质,说到底,是一种"真",是一种"善",是一种"美"。你的言行是真的,别人才会信你;你的心地是善的,别人才会敬你;你的灵魂是美的,别人才会爱你。大家都信你、敬你、爱你,就说明你是有魅力的,而这种魅力不就是一种高洁之气吗?

良好的气质,只能靠长期的修养才能拥有。在日常生活中,作为男人,应当多一点"君子风范"——为人处事,总能给人一种理智、自信、沉稳、执着、豁达、大度的感应。作为女人,应当多一点"淡淡的暗香"——言谈举止,常能折射出一种看不见的光亮、飘洒出一种优雅的美感、潜藏着一种诱人的深邃。

人的修养,要从小做起,从点滴做起,从学会做人做起。修养没有捷径可走,但有一条是绝不可缺少的——那就是读书。俄罗斯著名作家波罗果夫说:"书就是社会,一本好书就是一个好的世界,好的社会。它能陶冶人的感情和气质,使人高尚。"北宋文学家苏轼说:"腹有诗书气自华"。书是可以内化人的。一个人学识丰富,就会由内而外产生出华美的气质。

气质与修养永远是高度默契的。

52

关于胸怀与情绪

一些人活的不幸福、不快乐,很多时候,不是因为缺这缺那,也不是因为身体出了什么问题,经常性的负面情绪才是幕后的黑手。正如英国大哲学家罗素认为的那样——有时压倒人的最后一根稻草并不是什么大问题,而只是一些小情绪。

关于胸怀与情绪

无论谁，对"情绪"二字都决不可小看。人的情绪像血液伴随着人的躯体一样伴随着人的精神。体温能测试一个人的躯体健康与否，情绪能反映一个人的精神状态如何。情绪不仅是精神的显示器，也是人体的晴雨表。你想活得健康快乐，就必须学会战胜消极情绪。

消极情绪是笼罩在人心头上的雾，它对人的危害非常之大。一个人的心头如果长期被消极情绪笼罩，那就犹如乌云密布会使你感到窒息一样痛苦。它不仅会扼杀你的自信心，而且会危害你的健康；不仅会使你对未来失去信心，而且会让你对现实产生不满；不仅会使你对事业毫无兴趣，而且会让你对生活失去热情。雾天航海容易触礁，消极度日容易厌倦。一些人活得不幸福、不快乐，很多时候，不是因为缺这缺那，也不是因为身体出了什么问题，经常性的负面情绪才是幕后的黑手。正如英国大哲学家罗素认为的那样——有时压倒人的最后一根稻草并不是什么大问题，而只是一些小情绪。

一个人是否有消极情绪并不难判断。你可以扪心自问：自己对今天有热情吗？对明天有热情吗？如果你对明天是冰冷的，那就要对你的自信心画个问号。如果你同时对今天也是冷漠的，那就要对你的生活态度也画个问号。如果你对今天与明天都失去了热情，那就说明你心头确有一层厚厚的雾，即消极情绪。

战胜消极情绪也是完全可以做到的。关键是要有宽阔的胸怀。胸怀之大，可以撑船，胸怀之小，只能放个枣核，二者的结果无论如何是不能相比的。有的人即使兵临城下依然能谈笑风生，有的人只是听见小偷入院就六神无主。能否战胜消极情绪，既有个胆识问题，更有个肚量问题。

生活是个多彩而又多变的世界，在这个世界中谁都会有一些小情绪，但人决不能被情绪所左右。你想多一些健康、多一些快乐，就一定要管理好自己的情绪——始终保持精神上扬，始终对生活充满热情，用你的蓬勃之气占领自己的整个内心世界。

拿破仑说过："能控制好自己情绪的人，比能拿下一座城池的将军更伟大。"人的情绪是善变的，能管理好自己情绪的人，都堪称了不起的人。

53

关于脾气与心性

学会制怒,学会闭嘴,也是一种能力。一个真正有修养的人、道行深的人、厉害的人,会经常把自己调为"静音"。

人的心性应简单一些为好。心性越简单,心绪就越平和,就越不会上火生气。爱耍脾气的人,尤应明白这一点。

人的脾气是从哪里来的?肯定地说,不是从娘肚子里带来的,刚出生的婴儿会哭,但不会耍脾气,就是一个佐证。爱耍脾气的人,都是仗着某种东西。位高的人仗着势,官当大了,脾气也就渐长了。富有的人仗着钱,家底厚了,脾气也就大了。穷人也有耍脾气的,他们仗的是穷,因为穷,他们不怕失去什么。连七八岁的小孩也耍脾气,他们仗的是小,因为小,大人得让着他们。

人所以会耍脾气,多是因为遇到了不如意之事。不如意就容易动性,动性就容易上火,上火就容易生气;火往上升,气就往外散,于是脾气就来了;而且是火气越大,脾气也越大。有谁听说过佛祖上火耍脾气的呢?恐怕没有。人之所以耍脾气,从表面看,与性格有关,但往深里说,皆由于心性不净、心性不宁。一个人的心里如果没有那么多的所图,不念、不争、不抢,哪里还会上火、生气、耍脾气呢?

人不但要学会不耍脾气,而且应当学会如何面对脾气。父母耍脾气,以洗耳恭听为好;妻子耍脾气,以一笑了之为好;领导耍脾气,以置之不理为好;朋友耍脾气,以耐住性子为好;小人耍脾气,以装聋作哑为好。

面对脾气,有一招是管用的——无论你想对别人耍脾气,还是别人想对你耍脾气,此时心里都要反复念着四个字：静下心来，静下心来，静下心来。这样，至少可以为你调整自己的心性留下退避的余地。

拿破仑说过："看不惯别人是胸怀不够，脾气不好是修炼不够。"林则徐每每想发火时，都会抬头看看书房挂着的两个字："制怒"。学会制怒，学会闭嘴，也是一种能力。一个真正有修养的人、道行深的人、厉害的人，会经常把自己调为"静音"。

脾气里的"气"，也是有毒的。学会修炼脾气，才能收获福气。

54

关于羡慕与嫉妒

嫉妒是人生中的一个"怪胎"。如法国小说家巴尔扎克所说:"嫉妒者所受的痛苦比任何人遭受的痛苦都大,他自己的不幸和别人的幸福都能使他痛苦万分。"

关于羡慕与嫉妒

一个人得好处多了,就会被人羡慕,也容易遭人嫉妒。生活告诉我们的是,羡慕别人没有什么不好,但嫉妒别人就很不应该了,也绝没有任何好处。

嫉妒是心灵的扭曲,它容易使人颠倒过来看人看事;嫉妒是心理的错位,它容易使人戴着有色眼镜看人看事;嫉妒更是心理的失衡,它容易使人在摇摇晃晃中看人看事。因而总是看不清、看不准,有时把白的看成黑的,有时又把黑的看成白的,有时把是当作非,有时又把非当作是。

嫉妒的害处如此之多,都源出于一个"我"字。嫉妒者的心经常被"我"字的阴影所笼罩,这种阴影不仅蒙蔽其眼睛,而且堵塞其胸怀。由此,在嫉妒者的眼里,天空永远布满着乌云;在嫉妒者的心里,人间一切美好的东西都应该属于自己。所以,当天空出现光明、好事落在别人身上时,他们就烦恼、怨恨、懊悔,有时甚至充满敌视和不满的情绪。正如法国小说家巴尔扎克所说:"嫉妒者所受的痛苦比任何人遭受的痛苦都大,他自己的不幸和别人的幸福都能使他痛苦万分。"

嫉妒是人生中的一个"怪胎",扼住这个"怪胎"的有效办法是:

——当某件好事落在别人身上时,你应当为之高兴。能够在别人的快乐中分享快乐是最好的,能够在别人的成功中感知自己的不足更是值得称赞的。

——当某种不幸落在别人身上时，你应当为之分忧。即使他曾经是你的对手，也绝不要幸灾乐祸。你应当做的是，用真诚去感知真诚，用善良去感知善良。

——当你的某种幸运为别人嫉妒时，你千万不要在意。你应当这样去想：嫉妒也是一种特殊的羡慕。你需要注意的是，不要沾沾自喜，忘乎所以，否则，幸运也会转化为不幸。

总之，嫉妒不如羡慕，羡慕不如学习。

55

关于自卑与自信

自信是人成长发展的最大内动力。人只有自信,才称得上对得起自己的生命。人若失去了自信,就近乎失去了一切。

自卑，是人成长的第一个敌人。自卑者走向成功的首要秘诀就是——要将自卑转变为自信。

试想，如果你总觉得自己这也不行，那也不行，满脑子都是不行，还能有任何作为吗？人千万不能因自卑而毁了自己。

人所以会自卑，往往是由于只看到了自己的短处，认为自己处处不如别人。其实，人都各有长短，你很可能也有许多长处，只是还没有发现或没有被开发出来。只看到自己的短处，而不去寻找和挖掘自己的长处，这是自卑者深陷痛苦而不能自拔的重要原因。

人怎样才能变得自信？一个能够快速见效的办法，就是要勇于尝试。一件事情摆在你面前，你大胆地去做了，而且成功了，你必定会信心大增。如果你还注意总结经验，接着又做了几件事，而且都做得很好，你更会觉得信心满满。此时，你的自卑感也许就不翼而飞了，随之，自信心也就从"天"而降了。

自卑与自信二者之间，并不隔着一座万里长城。自卑者多次成功后会变得自信，自信者屡遭挫折或失败后可能也会变得自卑，这都是生活中常见的现象。我们需要在意的是，无论看自己还是看别人，都不要看死了。世界上所有的人和事，不变是相对的，变才是绝对的。如果你今天还有自卑感，那就要振作起来，鼓起勇气去做几件事情。对于成功者来说，如果你今天真的遭遇了挫折或失败，那也不要沮丧，你有成功的经验，又有失败的教训，你有理由更加自信，只要你自信心不倒，一定可以再次奋起，或许还能成就你未曾想到过的大业呢！

美国思想家爱默生说："自信是英雄的本色。"爱尔兰剧作家萧伯纳说："有自信的人，可以化渺小为伟大，化平庸为神奇。"自信是人成长发展的最大内动力。人只有自信，才称得上对得起自己的生命。人若失去了自信，就近乎失去了一切。

56

关于守信与失信

守信是向心力的产婆,失信是离心力的酵母。人无论是为朋友还是处同事,无论是做大事还是做小事,都应该做到严守信用。

关于守信与失信

无论在生活还是工作中，人都应当守信，而决不可失信。守信守得是人格，失信失去的也是人格。所以，失信也是人生的一个大忌。

失信只能演出悲剧。为政者失信于民，犹如给自己釜底抽薪。为师者失信于人，你说的话如同对牛弹琴。失信于朋友，必然失去朋友。失信于同事，等于失去自己。夫妻间失信，容易导致离异。兄弟间失信，容易招来争吵。上下级之间失信，必然影响团结。守信是向心力的产婆，失信是离心力的酵母。

嘴上说的不是心里想的，叫口是心非；行动上做的不是口头上说的，叫言行不一，二者均容易导致失信。一次失信会失去一个朋友，两次、三次失信则会吓跑一群朋友。失信者不但无朋友可言，连家人、亲戚也会另眼相看。不守信用的人最终一定是孤家寡人。所以，人无论是为朋友还是处同事，无论是做大事还是做小事，都应该做到严守信用。

仔细观察生活会发现，失信者大体有这样三种人：

第一种：奸诈之人。这种人实际上是骗子。他们只准备、也只能与别人打一次交道。他们的目的性极强，即使第一次谋面，也会言之凿凿，表现的格外热情，格外慷慨，然而决不会兑现。目的一旦达到，就马上逃之夭夭。他们只能骗一次你，但却能骗很多人。

第二种：狡猾之人。这种人与第一种人的不同之处在于，他们的本意并非只做"一锤子买卖"，只是由于过分自私、过分钻营而失去他人的信任。当别人有求于他时，他痛快得很，满口答应，但随之就要代价，而且层层加码。他们用一条绳子将你套住，使你虽不情愿，但不得不就范。

第三种：糊涂之人。他们或许也鄙视别人失信，但自己却常常不自觉地失信，有时吃了失信的苦头，还不知原因何在。他们轻易许诺，又轻易失诺，好像这些都是无所谓的。这种人心地不坏，但时间久了，别人也不再愿意与其交往，自己断了自己的后路。

奸诈者的失信是一种欺骗，狡猾者的失信是一种圈套，糊涂者的失信是一种愚蠢。善良的人对前两种人都应当保持警惕，至于第三种人虽然可以原谅，但也应当提醒其学会守信。

失信是对人格的玷污，也是对自我的嘲弄。守信是美德的一种绽放，正直的人一定要严守信用，这对你的成长与发展至关重要。

57

关于自重与自控

人要把自己的形象与自己的生命等同起来看待。

人应当有能力维护自己的形象,像有能力御寒防暑一样。

人只有自重才能受到别人的尊重,"犹如没有衬景的宝石,必须自身珍贵才会蒙受爱意一样。"而人要做到自重,就必须学会自控,因为人若失控,轻则容易失态,重则还会做出后悔莫及的事来。

自重与自控都是一种美德。人要做到自重自控,贵在严格要求自己,要把自己的形象与自己的生命等同起来看待,对有损自己形象的言行,要像对有损自己生命的病毒一样加以提防。

生活中因不自重而失去别人尊重的表现多种多样。诸如:有的人因不拘小节、举止粗俗,被认为是缺乏修养而被人小看;有的人因小里小气、爱占便宜,被认为是私心太重而遭人鄙视;有的人因投机钻营、巧取豪夺,被认为是心存歹意而失去信任;有的人因作风放荡、行为不规,被认为是道德败坏而名声扫地;有的人因见风使舵、趋炎附势,被认为是丧失原则而受到谴责,等等。

生活告诉我们,为了防止失控,人在下列情况下尤其应注意保持清醒和警惕:

△△当你感情异常激动的时候,一定要冷静、再冷静,切忌凭感情用事。

△△当你怒气难以克制的时候,最好是把话咽到肚里暂时不说,把事拖下来暂时不办,待心情平静时再作考虑。

△△当你的个人利益受到触及的时候,要善于权衡,既

关于自重与自控

不要因眼前的蝇头小利而毁了自己的远大前程,更不要以损害他人的利益为代价换取个人的一己之利。

△△当你在无人监督和自主性较强的时候,要善于自律,用信念左右自己的意志,用道德规范自己的欲望,用原则支配自己的行动。

△△当你在极度痛苦和悲观的时候,要善于忍耐,万万不可孤注一掷,像蜜蜂那样——"把整个生命拼在对敌手的一螫之中"。

人应当有能力维护自己的形象,像有能力御寒防暑一样。

58

关于自强与自律

人,一定要自己管得住自己。一个人如果连自己都管不住,还能管得了什么呢?!

关于自强与自律

无论对谁来说，你想自强，就一天也不能少了自律。即使有"天"助你，运气再好，自律也是须臾不可缺少的。

生活中常有这样的情况：有的人想学习知识，却不能持之以恒；想检点自己，却只是一阵子；想锻炼身体，却只有几天的热情。结果如何呢？或者一无所获，或者所获甚少。问题出在哪里呢？就出在不能自律——自己管不住自己。

人是一定要有点精神的。而在人的各种精神中，自律是最难得、也最可宝贵的一种。想想看，天下凡成大事者有谁缺少过这种精神？肯定是没有的。不要说成大事，就连过日子也是不能缺少自律的。比如，很多人都知道，人应当过有规律的生活——到点起床，到点上班，到点吃饭，到点睡觉，但真正能做到的人并不是很多。特别是现在的一些年轻人，仗着年轻，可以48小时不间断工作，可以三顿饭合在一起吃，结果呢？不但把生活搞乱套了，连身体也被搞坏了。

经验表明，无论工作、生活还是身体，要想得好，都不能少了自律。自律才能自强。自律绝不是捆绑自己的绳索，相反，它正是助你战胜自我、上扬自我的利器。一个人少了自律，就如同孙悟空失去金箍棒一样，必定是不能有所作为的。何止不能有所作为，有的人还会因之而"翻车"呢！想想看，那些被抓起来的贪官，哪一个不是因为失去自律而走上犯罪道路的?！所以，一个人能否自律，绝不是一件小事情，它不仅关系到你的事业，也关系到你的生活乃至整个人生。

　　经验还表明，自律不只是一种精神、一种境界，它更是人的意志力的一种展示。天下的强人没有一个是意志薄弱者。你如果真想让自己强大起来，那就应当在提升自己的意志力上多下功夫，下大功夫。要相信，意志力——既是你最大的免疫力，也是你最大的竞争力。

　　人，一定要自己管得住自己。一个人如果连自己都管不住，还能管得了什么呢?!

59

关于坚持与放弃

"路虽远,行则必至;事虽难,做则必成"。毛主席在《论持久战》中讲过的一句话——"最后的胜利,往往在于再坚持一下的努力之中"——是永远不会过时的。

人生旅途中，有的时候需要坚持，有的时候则需要放弃，该坚持而不坚持与该放弃而不放弃，都会有损你的事业与生活。

然而，人要学会坚持与放弃并不是一件容易的事情。其难点就在于怎样才能做到——在该坚持时——能够坚定而不动摇，在该放弃时——能够做到——坚决而不犹豫。应该说，这方面谁也没有什么锦囊妙计。我们要有所悟，只能去求助于——生活——这位人生中极具智慧却又经常躲在幕后的老师。

这位老师告诉我们的有哪些呢？

关于坚持，其要旨是：

△△你必须认定你要做的事情是正确的。

△△你能将自律刻在自己的血液里。

△△你迈出的每一步都是坚实而有力的。

△△即使摔倒了，也能爬起来继续往前走。

△△能够支撑你最终坚持下去的不是其他任何力量，而是你那不可动摇的意志力。

关于放弃，需要记住的是：

△△决不因眼前小利的诱惑而当断不断。

△△相信退也是一种进，退一步往往能进两步。

△△今天的放弃很可能意味着明天的拥有。

△△无为而无不为，无为有时也正是一种有为。

△△比错误更可怕的是犹豫不决。

有关坚持与放弃,上面共列出 10 条,是否有些道理,你不妨琢磨琢磨。

"路虽远,行则必至;事虽难,做则必成"。毛主席在《论持久战》中讲过的一句话——"最后的胜利,往往在于再坚持一下的努力之中"——是永远不会过时的。

60

关于固执与坚定

有的人只是从性格上寻找固执的原因,这与从性格上寻找坚定的缘由一样,都是不妥的。固执,是愚拙的苦果;坚定,则是智慧的花朵。

关于固执与坚定

生活中因固执而吃苦头的并不少见。最可悲的是，有的人还将固执误以为是坚定呢！

固执与坚定，是完全不同的两码事。固执是指坚持己见，不肯改变；而坚定是指一个人的立场、主张、意志稳固坚强而不动摇。

固执与坚定的不同常表现为：前者是盲目的，而后者是自觉的；前者多表现在具体事情上，而后者多反映在原则问题上；前者多源于个性，而后者多来自信念；前者是干瘪的，而后者是丰满的。所以，固执是缺点，坚定才是优点。

一个人染上固执的毛病，容易变得坚持己见而听不得不同意见。当他的意见被证明是错误的后，也往往不愿意认错；当他由于错误而陷入痛苦时，又常常不能自拔而变得性情古怪。因此，在多数情况下，固执只能使人一错再错。固执己见偶尔也有正确的时候，但这决不是固执的功劳，它多是出于巧合或侥幸，或者说，此时的固执已带有某些自觉的色彩，近乎坚定的边缘，但这只是个小概率，决不是常态。

经验表明，下列缺陷容易使人固执：

△△偏见。偏见比无知更能捉弄人。如果说无知只是一张白纸，那么，偏见就是这白纸上又多了一滴墨，它使人更不便于画出美的图画。同时向一个心怀坦荡的人和一个偏见很深的人讲道理，后者要比前者难得多。偏见一经形成，就有很大的顽固性，它对正确的东西有着强烈的排他性。偏见

最容易使人固执，固执又容易使偏见更偏。偏见与固执相互影响，一方强化另一方。所以，要克服固执的毛病，就决不能给偏见留下可乘之机。

△△自恃。人需要自信，但自信过了头就容易变得自恃，以为只有自己是正确的，别人都是错误的。所以，自恃也容易使人固执。自恃是人的一种心理特点，它是个一有机会就想表现自己的狂热分子。因此，要克服固执的毛病，扫除自恃心理也是非常必要的。

△△僵化。从一定意义上说，固执本身就是思想僵化的一种表现。思想僵化的人容易固执，特别是在对待新事物的态度上，僵化思想常常会成为固执己见者在观念上的"依托"，使固执变得更加有恃无恐。所以，要去除固执的毛病，还必须破除僵化思想。

有的人只是从性格上寻找固执的原因，这与从性格上寻找坚定的缘由一样，都是不妥的。固执，是愚拙的苦果；坚定，是智慧的花朵。无论固执还是坚定，都是与人的思想境界和修养水平密切相关的。

61

关于惰性与希望

无论你现在的处境与状态如何,都应当以这样一种态度去对待生命——"我们在每一天里重新诞生,每一天都是新生命的开始。"

惰性，是人的一种落后习性。其最基本的特点是淡漠——以消极的态度对待生活和生命，其最大的害处是——让人经常处于一种麻木不仁和听天由命的状态之中。

惰性有种种表现。

"无求无欲"算是常见的一种。这是一种自我扼杀的惰性。人固然不能贪得无厌，但如果一无所求、一无所欲，你的存在还有什么意义？连动物也是有求有欲的。一个人如果没有任何追求、没有任何欲望，只能算作是一具活着的僵尸。

"与世无争"，是一种混日子的惰性。它奉行的是"得过且过"的懒惰哲学。这种惰性最能磨灭人的意志和进取精神，染上这种毛病的人是决不会有危机感的。由于既没有进取精神，又缺少危机感，到头来的结果只能是——"该过的也过不去"。

还有一种疯疯癫癫的惰性——"无可无不可"。天下万千事，既没有什么可以做的，也没有什么不可做的，一切都无所谓。一个人如果被这种惰性迷住了心窍，不要说事业与工作，即使在生活上也会是很糟糕的。物有一定之质，事有一定之规，人有一定之格，哪能"无可无不可"呢？只有疯子才会是一切都无所谓的。

古人早有言："躁则妄，惰则废。"我们一定要意识到，惰性虽然总是默默无声、隐而不露，但其对人的损伤是很大

关于惰性与希望

的——它能把智者变为愚者、把人才变为庸才、把美景变为陷阱,让你自己废了自己。

经验提示我们,医治惰性这一落后习性的有效办法之一,就是要在心中燃起希望的火焰。千万不要小看希望的力量——它是一盏灯,能照亮你前进的航程;它是一盆火,能使你冷却了的心再次沸腾起来;它是一条路,能把你从荒漠引向绿洲;它是一只船,能把你从此岸载到胜利的彼岸。

无望与失望,都是对生命的亵渎。无论你现在的处境与状态如何,都应当以这样一种态度去对待生命——"我们在每一天里重新诞生,每一天都是新生命的开始。"倘能如此,你的生命必将会散发出新的光芒。

62

关于性格与修养

性格虽然也有先天的因素,但更多的要靠后天养成。像一位哲学家讲的:"要长时间地严格约束自己","一点一滴地逐渐做起。"

关于性格与修养

一位哲人说过,性格就是命运。此话也许有些绝对,但其中确实含有真理的成分。

性格是一种心理特点,它虽然是极其微妙的,但却常常在对人对事的态度和行为上明显表现出来,并产生很大的影响作用。夫妻之间因性格不合会发生争吵。一个性格粗暴的人和一个性格细腻的人谈心,往往会谈不到一起。一个性格老成的人与一个性格活泼的人,是很难成为朋友的。至于一个性格多变的人要得到别人的亲近,那更是比较困难的。

一个人为什么会有这种性格而无那种性格?可能与遗传有关,也可能与经历,包括长时间心情是否愉快、是否受过刺激等有关。但有一点似乎是比较清楚的,即一个人的性格(至少是对这种性格的抑制能力)与其修养水平——包括思想水准、精神境界、文化素养等密切相关。思想水准、精神境界和文化素养较高的人,多是心性比较平和、性格比较随和的人,有的人即使性格比较粗暴,也能加以节制。自然,也有另外一方面的情况,有的人本来心性平和、性格温和,但由于手中的权力大了,地位高了,说起话来的口气也变了,性格也变得粗暴了。这两方面的情况都说明,性格并不是固定不变的,也不是不可驾驭的。性格虽然也有先天的因素,但更多地要靠后天养成。

经验表明,人的某种性格保持得久了,就会形成一种与之相对应的比较固定的特性,即人们常说的个性。加强性格修养，首要的是注意克服那些由于性格而导致的不良个性，比如固执、任性、自恃、懦弱，等等。有下列办法可供你参考：

　　△△仔细想一想，这种不良个性曾给你造成了哪些危害。假如因危害很大，而对这种不良个性产生了怨恨，那么要戒除它也就有了希望。

　　△△抓住某些机会，最好是在因这种不良个性给你造成危害而深感痛苦的时候狠下决心。

　　△△像一位哲学家讲的："要长时间地严格约束自己"，"一点一滴地逐渐做起。"即使不能一下克服某种不良个性，也要让它逐步淡化、减弱。

63

关于了解与理解

人在困境中，其所言所行、所思所想，能被人所了解是最愉快的事情之一，倘若还能为别人所理解，那更属幸运之事。现在大家常喊"理解万岁"，那么，从无了解则无理解这个意义上讲，我们是否也该喊一声"了解万岁"呢？

朋友相处，一方常埋怨另一方不理解自己，何故？同事交往中，尤其在发生矛盾或争执的时候，双方常互相指责，埋怨对方不能谅解自己，又何故？原因可能有很多，但在多数时候，都与双方由于缺少沟通而导致的互相不了解、不理解有关。

其实，生活早就把这方面的道理告诉我们了——无了解则无理解，无理解则无谅解；理解是谅解的前提，了解是理解的前提。你让人家谅解你吗？那你就要让人家理解你；你让人家理解你吗？那你就要让人家了解你。

然而，一个人要让别人了解，并非一件易事。相对而言，当你处于顺境的时候，还比较容易被人了解，但当你处于逆境的时候，要被人了解就很不容易了。比方说，你本来有难言之隐，不便对人讲，更不便向很多人表白，然而却正由于此，不能使别人了解自己。再比如，当你受委屈的时候，即使一吐为快，有时也会由于事情过于复杂，而不能使别人一下全部了解事情的真相，以至头脑里常对你画着这样那样的问号。但是，无论情况如何复杂，作为一个正直的人、胸怀坦荡的人、意志坚强的人，总是相信自己会被别人了解的。即使今日不被了解，来日还是会被了解的；即使生时不被了解，死后也还是会被了解的。因而，他虽生活在艰难之中，但仍充满虎虎生气，事业上追求不停，奋进中锐气不减。

关于了解与理解

  人在困境中,其所言所行、所思所想,能被人所了解是最愉快的事情之一,倘若还能为别人所理解,那更属幸运之事。经验告诉我们,当你不为别人了解的时候,应当想方设法让人家了解你,即使有错也不必回避。当你经过努力,仍不为别人了解(当然更谈不上理解、谅解)时,也不要过分烦恼——就让时间老人陪你前进吧,它会用事实把你介绍给一切不了解你的人的。

  末了,我想说,现在大家常喊"理解万岁",那么,从无了解则无理解这个意义上讲,我们是否也该喊一声"了解万岁"呢?

64

关于犹豫与果断

在通往成功的路上,比错误更当警惕的是犹豫。很多时候,事情是不等人的,对与错,常常就在一念之间。人应当努力做到——能决断、不犹豫;敢决断、不武断;会决断、不盲断。

关于犹豫与果断

在通往成功的路上,比错误更当警惕的是犹豫。

犹豫的最大害处是,常使人失去做事的良机。良好的时机不是经常都有的,有的时机十年不遇,有的时机一辈子也可能只有一次,一旦失去,就会后悔莫及。所以,英国哲学家培根曾这样告诫我们:"在一切大事业上,人在开始做事前要像千眼神那样察视时机,而在进行时要像千手神那样抓住时机。"然而,犹豫却像个没有睡醒的人,总是迷迷瞪瞪,对已经出现在眼前的时机,或者因麻木与迟钝而毫无察觉,或者虽发现了时机,也因抓而不紧使其悄悄地从身边溜走。

犹豫还有一个不易被人察觉的害处,即容易暴露秘密。无论何种秘密,就怕时间长久,时间越久,暴露的可能性越大。所以,有经验的人在办一些重要的事情时,都特别强调果断与迅速,在最短的时间内把该做的事情做完。如果说失密是招致某些失败的原因,那么,犹豫又往往是失密的帮手。因此,在有的时候,犹豫与失败之间是可以画等号的。它提醒我们,在办一些机密性很强的事情时,尤其应该注意不要犹豫。

在日常生活中,犹豫的害处也是不可小觑的。比如,若即若离的情感,不尽如意的工作,这样那样的荣誉,不大不小的官位,都可能成为捆绑我们手脚的绳索,使你想突破却又不得不去固守,以致整天忙忙碌碌,却很少收获快乐。

人在旅途中,我们经常会遇到十字路口,该从哪个路口走呢？特别是面对一些大的事业，是做还是不做呢？如果要做，又该从哪里入手呢？都需要做出选择。而很多时候，事情是不等人的，必须当机立断。对与错常常就在一念之间。

　　天下事千差万别，天下势瞬息万变。人应当怎样去选择，没有谁能开出一个适用于任何人任何事的药方来。生活只是告诫我们：当断不断，必遭其乱。人应当努力做到——能决断、不犹豫；敢决断、不武断；会决断、不盲断。

65

关于顺境与逆境

人的一生和大自然一样,有阳光灿烂的日子,也有风雪交加的时候。顺境与逆境,也应当是一支和谐的歌。

有人生，就有顺境，也会有逆境。全是顺境的极为罕见，即使全是顺境也并非绝对的好。逆境是常有的，有逆境也并非绝对的坏。对人的成长来说，与其说顺境比逆境好，倒不如说，有一些逆境要比全是顺境更好一些。

道理是明摆着的。顺境中虽然烦恼会少一些，但却容易使人变得懈怠。逆境则不同，犹如"困兽犹斗"一样，身处逆境的人更容易奋起拼搏。这也正是某些逆境者往往比有些顺境者成长的更快更好的一个重要原因。如同冰山上的雪莲要比温室里的花朵更具有抗寒能力一样，在逆境中成长起来的人要比一帆风顺的人更具有战胜困难的勇气和能力。

长期的顺境容易弱化人的意志力，而即使短暂的逆境也能对人的意志起到磨练作用——不只是意志的磨练，伴随而来的还有勇敢的提升和智慧的启迪。因为要打破逆境就必须思考，而思考就能增加智慧。逆境不但可以培养勇士，而且能够造就智者。

顺境还容易使人滋生不切实际的幻想，而逆境则能无情地将一切妄想粉碎。顺境容易使人翘起"尾巴"，而逆境则强迫人紧紧夹起"尾巴"。顺境容易让人失去警惕，而逆境则能使人保持清醒。顺境容易使强者蜕化为弱者，而逆境则能使一些弱者转化为强者。

所以，逆境也是一所造就人才的学校。必须承认，一个人是否上过逆境这所学校，其结果是大不一样的。如果你是一个长期在逆境中生活的人,即使换一个稍好一点的环境,也会感到轻松,也容易适应。但如果你是一个长期在顺境中生活的人,即使换一个并不那么差的环境,也会觉得浑身不舒服,一下子适应不了。它告诉我们,顺境固然会给人以幸运,但它同时也会给人以不幸,而逆境虽然会给人以不幸,但它同时也会给人以幸运。一个真正想有所作为的人,应该是既能在顺境中生活也能在逆境中成长的人。

屈原放逐,乃赋《离骚》;孙子膑脚,《兵法》修列。人的一生和大自然一样,有阳光灿烂的日子,也有风雪交加的时候。顺境与逆境,也应当是一支和谐的歌。

66

关于风险与成功

如果你的最高目标是远航,那你就决不能把船只是泊在港内,即使面临着风浪,你也应当划动双桨,勇敢地驶向远方。成长需要付出代价,成功不能拒绝风险。

关于风险与成功

人生如同在大海里行船，风险必定会有的，要胜利地到达彼岸，就必须随时准备迎战风险。

生活无数次表明，风险总是与成功伴随在一起的，指望不冒任何风险就获得成功，犹如想分娩又不打算经受阵痛一样，那只能是一种幻想。而且，应该说，事业越伟大，风险也越大，其成功后的意义也越大。

大海本来就不会天天风平浪静，要行船就必须准备战胜风浪；地上的路本来就不会那么平坦笔直，要前进就必须准备跋山涉水，走曲折的路；干事业本来就不会一帆风顺，要成功就必须准备克服困难，甚至付出沉重的代价。这不是你运气不好，而是因为客观世界本来就如此，而且永远如此。

风险是一种客观存在。在风险面前，常能测试出一个人的意志与胆识。强者与智者勇于战胜风险，而弱者与愚者总是畏惧或受制于风险。风险犹如一杆秤，它能称出一个人的分量——不只是胆量，还包括肚量、气魄、智慧，等等。凡成大事者，没有谁是害怕风险的。力挽狂澜、化险为夷，不正是许多伟大人物的伟大之所在吗？

生活中有一种人，他们何止是害怕风险，连树叶掉下来也怕砸着脑袋。这种人是不会有多少作为的。他们想得到什么，又怕失去什么，更不想承受什么。所以，风险来了，他们就跑、就躲，对这样的人是不可寄予多少希望的。

在事业的奋斗中，人应当怎样规避和战胜风险，谁也不能给你说得一清二楚。经验只是告诉我们，一事当前，在你决定该不该去冒某种风险的时候，首先要考虑的不是会失去什么，而是你要实现什么样的目标——这具有决定性的意义。意大利诗人托马斯·阿奎那在七个世纪以前说过："要是一位船长的最高目标是保全他和船，他就永远把它泊在港内。"顺着这位诗人的话，我们可以这样说，如果你的最高目标是远航，那你就决不能把船只是泊在港内，即使面临着风浪，你也应当划动双桨，勇敢地驶向远方。

成长需要付出代价，成功不能拒绝风险。

67

关于居安与思危

"危机感"有多种功能。当你因胜利而忘乎所以的时候,它是一种"清醒剂"。当你因盲目乐观而难以自控的时候,它是一种"镇静剂"。如果你是个目光远大的人,当你因挫折而一时失去信心的时候,它还会成为一种"强心剂"。

如同紧张的生活需要欢乐来补偿一样，欢乐的生活也需要有危机相伴随。

人在春风得意、一帆风顺的时候，满足、懒惰、停滞等消极的东西最容易入侵，让你始而不知冷暖、忘乎所以，继而落伍倒退、甚至走向反面。胜利之师易于骄，有功之臣易于奢。所以，古人云："满招损，谦受益"，要"居安思危"。

人在幸运中取胜的时候，最需要保持警惕。幸运的成功虽然也包含着自己的某些努力，但它容易迷惑人，以为成功的取得并不困难。在这种情况下，幸运就可能变为厄运。幸运的成功来得快，消失得也快。靠幸运过日子是没有保证的，只有经常想到厄运才能避免厄运。

人在连续晋升或连续取胜的时候，尤其应格外注意保持头脑清醒。如果说一次成功会蒙住你的眼睛，那么，两次、三次的成功就可能迷惑你的心窍。所以，在节节胜利的凯歌声中，伴随一些哀歌是完全必要的。在困境中，哀歌会使人沮丧，但在顺境中，它却能让你清醒。因此，只会唱颂歌而不会唱哀歌的人，并不是真正好的"歌手"。

对于不求上进、得过且过的人来说，危机感也是必不可少的。尽管你今天能过得去，明天也能过得去，但如果不努力，总有一天会过不去的。

要相信，"危机感"有多种功能。当你因胜利而忘乎所以的时候，它是一种"清醒剂"；当你因盲目乐观而难以自控的时候，它是一种"镇静剂"；如果你是个目光远大的人，当你因挫折而一时失去信心的时候，它还会成为一种"强心剂"。

诸葛亮有句名言："思者虑远，远虑者安，无虑者危。"对于我们每一个人来说，重要的不在于眼前是否出现了危机，而在于能否审时度势，随时看到潜伏着的危机。想到危机，才能避免危机。如果你把危机总是丢在脑后，那么，说不定哪一天它会自己找上门来的。正是：高枕无忧忧更多，不思危机最危机。

68 关于忠言与谄言

一个人敢于进忠言是可敬的。
一个人能够听到忠言是幸运的。
一个人能够不为谄言所迷惑是值得钦佩的。

有哲学家说过,即使是上帝,也认为忠告和建议是不可少的。

忠言之所以不可少,是因为它能使身居高位者不因位高而偏听,使功勋卓著者不因功高而自傲,使身处逆境者不因困苦而气馁。一个拒绝认错的人,可能因听到忠言而幡然悔悟;一个不求上进的人,可能因听到忠言而奋发进取;一个痛不欲生的人,可能因听到忠言而坚强起来。谁都难免有不清醒的时候,所以,人人都需要听到忠言,犹如人人都需要看到光明一样。

大凡正派的人都愿意听到忠言,但富有讽刺意义的是,即使很聪明的人,有时也分不清哪是忠言,哪是谄言。由于分不清,受骗上当以致栽跟头的也不少。

自然,因深受谄言之害而变得智慧起来的人也有很多,他们痛定思痛后,给我们如下的忠告:

△△忠言是实事求是的。有一说一,有二说二,是白的就说白的,是黑的就说黑的。既不添枝加叶,也不缺斤少两;既不看听话者的眼色行事,也不从说话者的私心出发。而谄言则不同,其最大特点是讨好,你喜欢听什么就专拣什么说。

△△忠言往往是逆耳的。进忠言的人,不会为听话者的好恶所左右,在你胜利的时候愿意讲谦虚的话,在你居安的时候愿意讲思危的话,在你失误的时候绝不讲文过饰非的

话。加之进忠言者又多是直言的,这样,听话者就常有刺耳之感。而谄言者则恰恰相反,他们不仅会称颂你的优点,还会赞美你的缺点;不仅会称颂你的好事,连你的坏事也会大加赞美。

　　△△忠言犹如良药,虽然苦口,但却利于治病,而谄言则完全不是这样。谄言虽然是十分动听的,甚至是甜甜蜜蜜的,可它却像一道放了巴豆的"名菜",虽然可口,但吃了是要拉肚子的。把好话说尽,是一切谄言者惯用的伎俩,其背后都暗藏着自己的某种目的。这是所有善良的人都要加以警惕的。

　　从这些忠告中我们可以悟出这么三句话:

　　一个人敢于进忠言是可敬的。

　　一个人能够听到忠言是幸运的。

　　一个人能够不为谄言所迷惑是值得钦佩的。

69

关于流言与人性

流言是无聊者和别有用心的人从口中吐出的"珍珠"。这类人常以中伤别人开始,以害己告终。此类人的人性可谓被狗吃了。

流言是无聊者和别有用心的人从口中吐出的"珍珠"——一种不怀好意乃至充满邪恶的蜚语。

生活中的流言大致有三种。第一种是不负责任的背后议论，第二种是挑拨性的谎言，第三种是诬蔑性的谣言。但不管哪一种，都属于不善之举，都是对人性的玷污与嘲弄。

先说第一种。不负责任地背后议论多出自一些长舌者。他们或道听途说，或无中生有，一会儿说张三，一会儿论李四。目的不完全一样，有的是为了制造小小的"欢乐"，有的是为了填补自己内心的空虚与苍白，还有的是为了贬低他人而抬高自己。这种人最擅长的是捕风捉影，最让人厌恶的是，有时候还会拿别人的缺点和苦处取乐。此类人的人性可谓被扭曲了。

再说第二种。有的人专门喜欢散布挑拨性的谎言，挑拨朋友之间、同事之间、上下级之间、领导之间、左邻右舍之间的关系。挑拨之术多种多样，或走漏消息，或编造谎言，或制造事端。挑拨他人之间的关系多是为了达到自己的某种目的，或为了泄私愤而报复别人，或为了从中渔利而制造矛盾，或为了保护自己而制造混乱。此类人比背后议论人的人更令人不齿，受到公众的谴责也更多。此类人的人性可谓被弄脏了。

至于第三种，这是最恶劣的。为了达到中伤别人的目的，按照自己的想象或猜测去编造不实之词，污蔑或诽谤他人。污蔑性的流言近乎谣言,只不过谣言是从"谣言公司"造出来的,而污蔑性的流言是从阴暗角落流出来的。编造和散布这类流言的人都以伤害他人为目的,但多数都没有得好。这种人很少懂得害羞,当流言偶尔得势、搞得别人很难堪的时候,他们还自以为聪明而津津乐道。正像伊索寓言讽刺的那个叮在大车轮轴上的苍蝇一样——"看我能扬起多少飞尘啊!"这类人常以中伤别人开始,以害己告终。此类人的人性可谓被狗吃了。

  人性应当是美好的。一个人不管能活多少岁,能来到这个世界上也只有一次,都应当倍加珍惜、倍加呵护;不管你是领导干部还是普通百姓,都应当以本为真、以善为先。有真有善,才会有和谐的人生。

70

关于君子与小人

君子可敬,就敬在一个"正"字上——心正、身正、行正。小人可恨,不仅因为其眼小、心小、肚量小,还由于其疑心大、胆子大、胃口大。

关于君子与小人

君子可敬，小人可恨。

先说君子。

古人把品德高尚者称为君子。民间对君子的最高评价莫过于这样一句话："宁可得罪君子，也不要得罪小人。"

为何君子是可以得罪的呢？最根本的原因在于，君子是明事理的。你做错了什么，做了什么对不起人的事，只要你心地是坦诚的，把前因后果说清楚了，君子是可以原谅你的，既不会记仇，更不会去报复。

然而，人要真正当个君子也不那么容易，难就难在一个"正"字上——心要正，身要正，行要正。心不正就会生歹意，身不正就会走错路，行不正就会惹是非。有的人至死都不能成为君子，差就差在缺少这个"正"字。

何为心正？心正者公也。做父母的心不公，儿女之间就会闹纷争，家庭就会失去和睦，而家不和则万事荒废。当领导的心不公，单位的是非就会多起来，打小报告者有之，阿谀奉承者有之，争风吃醋、告黑状者有之，如此一来，单位的风气就不正了，风气不正则人气受损，人气一损则万事俱损。

何为身正？身正者律也。身正不怕影子斜，一个人能否严格律己至关重要。人性的弱点是非常顽固的，一有机会就要表现出来，你想把它掖着藏着，或让其自生自灭，那是绝无可能的，唯一的办法就是面对，而面对的最佳办法就是律己。

何为行正？行正者道也。古人讲天道，认为天是会说话的，做事先要听听天的口气，看是否合乎天意，合乎天意就是顺乎人心，合天意、顺人心的事就可做，否则，就是违天，就不可做，这叫天人一致。今人讲道，就是要按道理办事，按规矩办事。人缺什么，都不能缺理，违什么都不能违规，缺理违规就会把事做砸了，把路行偏了。古人之道与今人之道是相通的，都是为了端正人的言与行。

君子可敬，就敬在一个"正"字上。

再说小人。

按照古人的说法，小人也属恶人，即使不算大恶，也可称为小恶。小人绝不是因为个子小，而是由于眼小、心小、肚量小。

由于眼小，把豆大点的利也看得如同万贯家产一样重要；也由于眼小，只会算小账而不会算大账，总是因小失大；更由于眼小，一事当前就被金钱所蔽，祸来了不知道，法来了才吓一跳。

由于心小，总是以己之心度他人之腹，把自己估高了，把别人看低了；还有甚者，他们对谁都不放心，即使与朋友相处也要留一手，以备秋后算账；更有甚者，其心眼小到了极点，对别人的算计达到了极致，你就是把心掏给他，他也认为你是想蒙蔽和欺骗他。

肚量小的人，其可恶之处也不少。这种人的心理特别得阴暗，深藏不露的东西特别多，把自己的内心世界包裹得特别严实。他们的一切都好像是一等机密，生怕别人知道半点。由此，他们养成一种说假话的习惯，该说的假话要说，不该说的假话也要说，反正就是不说真话。

小人并非一切都小，也有大的地方。比如疑心大，他们除了相信自己外，再没有任何人可相信。再比如胆子大，他们自以为是世界上最聪明的人，所以敢做连法律都不允许的事。还比如胃口大，他们做事不是日积月累、循序渐进，而是一口就想把一头大象吞到肚里。

小人的小与大并不矛盾，而是相通的，小促成大，大促成小，正是由于这既小又大，生成了那么多可恨之处。

小人是社会的牙垢，也是人生的一位"老师"。

71

关于怜悯与关心

怜悯本身就是一个不幸的产儿,它在哪里出现,就会在哪里营造出一种令人不快的氛围。即使最好的怜悯,也不过是一片"安定",服后让你昏昏入睡罢了。

关于怜悯与关心

善良的人多有怜悯之心，善良的人也常能获得怜悯之情。这是人间的一种公平。然而，怜悯决不是一件圣物，它至多也只能算作一束阴干了的鲜花。其外形虽然美丽，但却没有多少活力；它虽然也能给人一些宽慰，但却不能给人以力量。

经验告诉我们，怜悯总是在人失意或不幸的时候出现。如果你的人缘还蛮好，它更会接踵而至，使你像一个蒸笼里的馒头，处在一片热气腾腾之中。可是，这并不是一件愉快的事情。你会感到烦恼，感到郁闷，感到憋气，有时真想怒吼一声。这不是因为善良人的宽慰有什么不好，而是由于怜悯本身就是一个不幸的产儿，它在哪里出现，就会在哪里营造出一种令人不快的氛围。

怜悯不同于关心。关心是人间的一位美好使者，而怜悯至多可算作一位不速之客。关心奉给你的是暖人心肺的真情，而怜悯赐予你的只是无可奈何的叹息。关心像一剂良药，它能使你康复而奋进，而怜悯不过是一片"安定"，服后让你昏昏入睡罢了。

怜悯虽然也带有感情的色彩，但它不能真正给你的感情以补充，仅有的一点同情心，也往往会被充斥其中的懦弱、酸苦和伤感之情，消减得荡然无存。

仔细品味生活，怜悯能给我们的有用之处实在太少了。

自我怜悯简直是一种自我扼杀。扪心自问，我们自己能怜悯自己什么呢？孤芳自赏毫无意义，向隅而泣无济于事。自我怜悯的结果只能是认命，而把一切都归咎于命运，也就无异于终止了自己的生命。

比自我怜悯更为糟糕的是成为被别人怜悯的对象。被怜悯者的心境总是灰蒙蒙的，他们嘴里很少说什么，但心里却隐隐作痛。谁被怜悯，谁就被又一次抛在了不幸的位置，谁就会又一次处在痛苦之中。

最令人憎恶的是，在某些时候，怜悯还会成为一些邪恶之人籍以施展小伎俩的蹊径。他们见你身处不幸，还假惺惺地问长问短，好像在施舍什么，实际上，他们或借机取乐，寻找刺激；或暗藏歹心，想探听些什么。对此，那些善良的不幸者务必要保持高度的警惕。

关于怜悯与关心，生活还告诉我们以下几点：

△△如果你真想关心别人，就千万不要流露出怜悯之情。

△△如果你真想得到别的人关心，就千万不要把别人的体贴也误以为是怜悯。

△△无论是谁，都不要指望用怜悯来弥补自己内心的欠缺。

△△无论是谁，都不要期望用怜悯去消除自身的不幸。

72

关于人情与人品

人情是十分微妙的。它有时重得如一座山,有时又轻得像一张纸。

生活的可爱就在于,它有情、有爱、有牵念。

真诚好比种子,人情好比嫩芽,是种子,总会发芽的。

人情是十分微妙的。它有时重得如一座山，有时又轻得像一张纸。为什么会是这样的呢？

世界上的一切都错综复杂。环顾生活，万物皆繁皆变，连我们自身也是复杂多变的。今日所思所盼，到明日或许已渺无踪影；明日所爱所慕，或许恰是昨日所嫌所弃。人之情，如日月之辉，晨昏之雾，光照着生活，也朦胧着生活。世态炎凉，人情冷暖，永远如此。因此，要追索到既洁白无瑕又永久不变的情谊，简直比登天还要难。

人情所以如此微妙，从根上说，与人性、特别是与人的品行密切相关，而无论人性还是人之品行又常常被利益所裹挟——由于利益的裹挟，人也就变得复杂起来——既有真诚的一面，也有虚假的一面，而且二者常混杂在一起难以分辨，于是人情也就随之变得复杂和微妙起来。

生活中有这样的情况，有的人因受欺于虚假人情，就再也不相信人间还有真情了，可谓"一朝被蛇咬，终身怕草绳"，这是不对的。要相信，有人生就有人情，有真诚才有真情，重要的不是其有真有假，而是要学会以高尚的人品去辅佐它、把握它、驾驭它。

我们应当明白和记住的是：

△△生活需要人情。想想看，在这个大千世界上，有谁不需要理解、帮助、友爱、提携呢？人与人之间如果没有任何心灵的沟通和情感的交流，人生世界与动物世界还有什么

两样？生活的可爱就在于，它有情、有爱、有牵念。即使在事业与工作中，人情也是不可缺少的——通情方能达理，动之以情方能晓之以理，情理相融犹如水乳交融，其价值与意义是绝对不可小看的。

△△要善待人情。当你得到一分真情的时候，就要百倍地加以珍惜。蔑视真情是一种无知，亵渎真情则是一种罪恶。如果你失去了真情，首先应当反省自我而不要只是去责怪他人。倘能在宽容和自省中诚心待人，那你必定能拥有更多的真情。

△△要善施人情。人情应当如夏日之凉风，自然而生；如山间之小溪，缓缓而流；如晨曦之漫雾，悄悄而去。人情既不能强求，也不能施舍。人情与理为友，与义为邻，欲让人情相识相随，最好的办法便是保持你内心的真诚。

真诚好比种子，人情好比嫩芽，是种子，总会发芽的。

73

关于脚力与心力

路在脚下,但力却在心中。脚累了,歇一会儿就可以了,但心出问题了,麻烦就多了。一个人能走什么样的路,能走多远,重要的不在于脚力有多大,而在于心力有多强。

关于脚力与心力

人生路上,有高山峡谷,有大江大河,有疾风暴雨,有朋友与对手,还会有成功与失败。你在这样的繁复中行走,单靠脚力行吗?肯定不行!

大凡经历过风雨的人,都会有这样的感受——路在脚下,但力却在心中。脚累了,歇一会儿就可以了,但心出问题了,麻烦就多了。一个人能走什么样的路,能走多远,重要的不在于脚力有多大,而在于心力有多强。

看看当年红军两万五千里长征吧!红军是怎么走过来的呢?那么多的人,有的是带着伤痛和病痛走的,有的是拄着棍子走的,有的是被别人搀着扶着走的,更多的人是饿着肚子走的。这还不算,前有雪山草地,后有追兵,天上还有敌人的飞机,但大家都能一往无前。他们靠得是脚力吗?显然不是,他们靠的是焊在自己心中的信念和信仰的力量。

经验表明,内心的强大,才是真正的强大。内心的力量虽然看不见、摸不着,但它是实实在在存在着的。人心,乃人体的原子核。原子核是会发生裂变的。试想,你一旦把这种力量挖掘出来,其威力会有多大、有多强!

所以,我们一定要意识到,脚与心虽然都长在人身上,但其功能是不一样的。如果把人比作一棵树,脚只是个树杈,而心则是树根。对树而言,根是管总的;对人而言,心是管总的。人要把路走好,首先要把自己的心养护好。心正了,路才不会走偏;心强了,你才能走得更远。

经验还表明，凡内心强大的人，都有以下共同点：

△△不怕孤独，不浪费时间。

△△不回避矛盾，敢于直面问题。

△△不把希望寄托在别人身上。

△△不在乎别人说什么。

△△在逆境中也绝不轻言放弃。

△△一个微小的成功也能激起勃勃雄心。

△△做人做事都能守住底线。

你若想成为一个内心强大的人，就应当在上述这些方面多加历练。

74

关于炼心与成长

真正的修炼,不是远离车马喧嚣,而是在心里修篱种菊。

人心也是个世界,你的心有多大,你心中的世界才会有多大。

看人看事，单靠眼睛是看不清楚的，必须借助心灵的感应；处人处事，单靠语言是不能奏效的，必须依赖于心灵的沟通。遭受委屈的时候，首先需要的不是他人的宽慰，而是保持自身内心的强大；身处逆境的时候，即使有挚友的帮助也只能快慰一时，要渡过难关，最终还须靠你那颗心的支撑。所以，人之心如树之根，树生长需要固根，人成长需要炼心。

人心的确是需要冶炼的，人心也是可以冶炼的。困难、挫折、失意、病痛、逆境、战争，都是冶炼人心的熔炉与佐料，都是伴你由幼稚走向成熟、由软弱变为坚强，到达人生佳境的曲径。君不见多少个刚开始听到炮声就发慌的孩童，由于战争的磨练，后来竟成长为视死如归的英雄！

世事纷繁，人心好动；人生难得圆满，人心难得平衡。谁能在纷繁中求得圆满，谁能在好动中保持平衡，谁就应当算作"圣人"。圣人，包括伟人，当初也都是常人，他们超乎常人的最可贵之处，不在于他们走了常人不敢走的路，也不在于他们做了常人做不到的事，而在于他们具有一颗常人所不曾有的——经过千锤百炼的——因而超常的博大、超常的宽厚、超常的坚强的心。由于博大，他们能够包容一切；由于宽厚，他们能够承受一切；由于坚强，他们能够战胜一切。

不能要求所有的人都能像圣人、伟人一样，但只要你想有所作为,就应当下功夫去炼心——勇敢地接受命运的挑战,沉着地应对未曾想到过的事变,机警地跨越那些令人发怵的艰难险阻。一个人的力量有多大,不取决于体力,也不完全取决于智力,更多地是取决于心力。不能说心力决定一切,但在许多情况下,心力制约着体力和智力。体力和智力的最佳状态总是与心力的最佳状态结伴而行、相辅相成的。

人贵在有个健康的心理,重在有颗无比坚强的心——如此,你才能成长,你才能成就一些大的事业。

我欣赏这句话:"真正的修炼,不是远离车马喧嚣,而是在心里修篱种菊。"

我崇尚这句话:"人心也是个世界,你的心有多大,你心中的世界才会有多大。"

75

关于养生与养心

身体无言,疼痛是它唯一的声音。
最好的医生,不是医院的大夫,而是你自己。
长寿之人,多是善于养心的高人。

| 关于养生与养心 |

养生,首先要养心。那么,养心当从何做起?

一曰:静心。

人心好动。人眼睛看到某种东西会心动,耳朵听到某件事情会心动,鼻子闻到某种气味会心动,舌头舔到某种食物会心动,身体产生某种感觉会心动,意念中生出某种想法也会心动。在这么多情况下心都要动,那心能不累吗?一个人的心累了,那身子能不累吗?所以,养心首先要让自己的那颗心静下来。心静了才能气顺,气顺了才能神凝,神凝了——才能身心轻松。

二曰:清心。

人心原本是清亮的,只是由于利益的驱使,才生出许许多多的欲望。而欲望又是一个无底洞,得了这个还想得那个,得了那个还想得别的。然而,天下哪有想啥就能得啥的呢?由于得不到,心里就会生闷气、生怨恨。所以,养心还必须让自己的那颗心清起来。心清了,眼睛才能明亮;眼睛亮了,路才能走对;路走对了,才会有美好的人生。

三曰:壮心。

人生的原动力,既不来自躯体,也不来自智慧,而是来自于自己的那颗心。比武,首先比的是心气;斗智,首先斗的也是心气。一个人心气不足,就会像泄了气的皮球一样,是派不上用场的。所以,养心最重要的是壮心——强壮自己的心力,提升自己的心气。一个人如果内心强大了,心气满满的,就没有过不去的"火焰山"。

想想看,如果你真能做到心静如山、心清如水、心壮如牛,还愁没个好身体!

记住吧:

△△"身体无言,疼痛是它唯一的声音。"

△△最好的医生,不是医院的大夫,而是你自己。

△△长寿之人,多是善于养心的高人。

76

关于烦恼与快乐

生活像一条长河,烦恼如同河水中的顽石,快乐如同河水中的浪花。河水中哪能没有顽石呢?河水不冲击顽石又怎能泛起朵朵的浪花呢?!

生活中谁都不想有烦恼，但烦恼总像个不想待见的客人不请自来，一个烦恼刚过去，另一个烦恼又来了。这是怎么回事呢？

生活中谁都想多一些快乐，但如同想看奥运足球比赛一样，"快乐"的门票总是一票难求，有时连仅有的一点快乐，也会被悄然而至的烦恼消减得所剩无几。这又是怎么一回事呢？

这中间的道理并不深奥。我们可以这样理解——生活像一条长河，烦恼如同河水中的顽石，快乐如同河水中的浪花。河水中哪能没有顽石呢？河水不冲击顽石又怎能泛起朵朵的浪花呢？所以，有生活就会有快乐，也会有烦恼，快乐与烦恼都是生活的产物，都是你人生中不离不弃的伙伴。

我们需要着力思考的是，人怎样才能少一些烦恼而多一些快乐。

仔细想想，我们的烦恼主要是从哪里来的，是天降的吗？不是！是地造的吗？也不是！客观地说，百分之九十的烦恼都源于人自身。比如面对提职呀、加薪呀、轮岗呀等方面的不顺，你不把它当回事，它又能奈你几何？可以肯定地说，如果你能做到顺其自然、坦然面对，烦恼也就会离你而去了。一些人之所以缺少快乐，应该多从自身找找原因。

谁想拥有快乐，谁就应当明白这样一点——快乐不是春天的花朵，也不是夏日的凉风，它只能是人从心底里发出的光亮。天亮是从自家的窗户开始的。正如鸡叫天会亮,鸡不叫天也会亮一样,人快乐不快乐,就看你的心底能否发出光亮。你的心底光亮了,你的快乐也必定就多了。

对于快乐,我们还应当从更深的层次上去理解。神经学家研究发现,人类之所以会感到快乐,是因为大脑分泌了多巴胺,只有采取行动并付出努力,大脑才会分泌出多巴胺的奖励。一些人啥也不缺,生活过得很舒适,但经常感受到的却是无聊,原因就在于他们的这种舒适得来的过分容易。

所以,舒适不等于快乐,多一些付出和努力也是人生求得快乐不可缺少的要素。今日的辛劳与苦难,才是日后快乐的源泉。

77

关于欲望与烦恼

人,绝不要掉入欲望的陷阱;人,绝不要自己为难自己;人,绝不要活到这般地步——生活好似一天,离快乐却远似一天。

关于欲望与烦恼

儿时，人是最快乐的。为什么？因为简单，吃饱就行，能玩就好。

但随着年龄的增长，人就变得复杂起来。上完小学上中学，而且要上个重点，上完中学考大学，而且要考个名牌。参加工作后，想得就更多了。先想谋个小官，当上小官后，又想把官当得再大一些。何止这些，还会想到挣钱，有的甚至想一夜暴富；还会想到地位，有的甚至想一步登天；还会想到名声，有的甚至想一举成名。

然而你所想要的这些，并非都能得到，由于得不到就会生出种种烦恼；烦恼得久了，又会生出痛苦；痛苦得久了，还会生出许多的怨气；而怨得久了，郁结于心，就会酿成心病；心病了，身病也就多了。这样的人还有多少快乐可言？生活中这样的人还少吗？他们是多么的傻啊！

倘若你是另一种活法——把许多想要的统统当作一种多余，把许多失去的统统当作一种得到；把许多的"应该"统统当做"不应该"，把许多的"不应该"统统当作一种"应该"，哪里还会有那么多的烦恼、痛苦和怨气呢？

人生难，往往就难在有太多的欲望。得到这一些，还想得到另一些。但结果常常事与愿违，不但得不到，有时连得到的也会失去。一些人的烦恼与痛苦，不就是这样酿成的吗？这些人常为自己喊冤，实际上，他们是被自己冤枉的。

"人生犹如西山日，富贵终如草上霜"。人生短暂，纵

225

有万贯家产,也只存在于瞬息之间。你为什么要有那么多的妄念呢?人,绝不要掉入欲望的陷阱;人,绝不要自己为难自己;人,绝不要活到这般地步——生活好似一天,离快乐却远似一天。杭州灵隐寺里的一副对联值得我们细细咀嚼:"人生哪能多如意,万事只求半称心"。

78

关于今天与明天

明天是无限广阔的。明天不仅是一种希望、是一种美好,而且是一种力量。心中有明天,你才有可能成为一个沸腾的人。

没有谁能保证自己的明天会如何，但我们还是应当坚信——明天总比今天好。

人生只有"三天"——昨天、今天、明天。今天是昨天的明天，明天是后天的昨天。人生在昨天与明天的交替中度过，更在今天向明天的延续中闪光。

明天总比今天好，丝毫不意味着对今天的小视，正像人们赞美结满果子的树冠而丝毫不会轻看扎根于泥土中的树干一样。因为没有今天的努力就不会有明天的成功，如同没有树干的支撑就不会有茂盛的树冠一样。珍惜今天是毋庸讳言的，但对于那些由于失去信心而对前途充满疑虑、对未来毫无兴趣的人来说，坚信明天总比今天好，必将会对他们的成长与进步起到很大的激励作用。

如果你真的坚信"明天总比今天好"，那么，明天的魅力或许要无数倍地大于今天。明天预示着：

——你将比今天更加成熟。如果你今天只是个一触即跳的毛头小子，明天你可能成为一个深思熟虑的干练才子；如果你今天认为自己什么都不行，明天可能会因为某件事情的成功而信心大增；如果你今天还畏惧失败，明天你可能会由于今天的失败而更加机智地去赢得胜利。

——你将比今天做更多的事情。如果你今天从事的是简单劳动，明天可能因知识的增长、智慧的提升而从事复杂劳动；如果你今天是在别人领导下工作，明天可能是你领导着别人工作；如果你今天只想到为自己而做事，因而做得很少，明天可能想到要为人民做事，因而做得很多。

——你将比今天拥有更大的舞台。如果你今天的舞台是学校，明天的舞台可能是社会；如果你今天的舞台是一个单位，明天的舞台可能是一条战线；如果你今天的舞台只是在国内，明天的舞台还可能扩展到海外。

一定要相信，明天是无限广阔的，也是无限美好的。明天不仅是一种希望，而且是一种力量。它能让你与失望告别，与希望同行。心中有明天，你才有希望成为一个沸腾的人。

自然，有一点是必须记住的：美好的明天首先属于那些从今天就开始不懈奋斗的人——如果忽略了今天的事情，就如同一辆飞奔的列车，只盯着终点，必将错过沿途的许多风景。

关于十年与未来

时间对任何人都是公平的,但人对时间总是不公平的。对待时间的态度不同,时间给你的回报也不同,这种不同,正是造成人与人之间差别的重要原因。

关于十年与未来

人的一生是短暂的，一个人才有几个十年！

十年，在历史的长河中不过是个瞬间，但在人的一生中却是一个时期。如果你现在是个十岁的孩童，十年后就是风华正茂的青年；如果你现在是个二十岁的小伙，十年后就是而立之人了；如果你现在已经是而立之人，十年后就进入不惑之年了……这些虽然都是人所共知的事实，但却值得我们回味和思考。

人呀，不但要活在今天，还应当活在未来。想想自己还有几个十年，不更加感到生命之短暂和每一天的宝贵吗？不更加感到今后的十年对你是何等的重要吗？

时间对任何人都是公平的，十年就是十年，不会对谁多一天，也不会对谁少一天。然而，人对时间总是不公平的，有的人惜时如命，有的人却从不把它当回事。在有的人那里一天等于两天，而在有的人那里两天也比不上一天。所以，从时间角度看，十年是个等量，但从个人的角度看，十年又是个不等量。人是有意的，时间却是无情的。对待时间的态度不同，时间给你的回报也不同，这种不同，正是造成十年后人与人之间差别的重要原因。

"知之尚需用之，思之犹应为之"。歌德的这句话是对的。十年以后怎么样，你的未来怎么样，关键在于行动。

你应当这样去做：

△△ 有明确且切实可行的前进目标。

△△ 为了实现你的目标，先从容易做的事情做起。

△△ 做事要循序渐进，不要想一步登天。

△△ 学会坚持，即使遭受挫折也决不放弃。

△△ 从今天做起，每一天都不虚度。

80

关于瞬间与长久

瞬间能创造奇迹,瞬间也能改变人自身。珍惜瞬间是一种美德,善于抓住和利用好瞬间则是一种能力。

瞬间是短暂的，但没有瞬间则没有长久。

瞬间不但能凝成长久，而且孕育着成功。婴儿落地在瞬间，禾苗出土在瞬间，滴水最后穿石在瞬间。没有长久固然没有成功，但若没有瞬间，成功又怎能显现？

瞬间有种种。有默默无闻的瞬间，也有惊天动地的瞬间；有平平庸庸的瞬间，也有光彩照人的瞬间；有渺小的瞬间，也有伟大的瞬间；有成功的瞬间，也有失败的瞬间。但无论哪种瞬间，都是长久的一部分。

对一天而言，一分钟是瞬间；对一月而言，一小时是瞬间；对一年而言，一天是瞬间；对历史的长河而言，人的一生也不过是瞬间。

所以，失去瞬间，不仅意味着失去长久，失去成功，而且意味着失去生命。人要珍惜生命，就应当珍惜瞬间。

重要的是，人怎样才能抓住并利用好瞬间。时间是不等人的，它比河里游的鱼更容易从手中滑走。你要抓住和利用好瞬间，必须编织一个既科学而又细致的网——它不但能捕捉时间，而且能鞭策自己，使你在情愿或极不情愿的时候都能利用好每一点时间。这个网不是别的什么，就是计划——包括奋斗目标、时间进度、质量要求、具体方法和渗透在血液中的自律。计划只要是科学的、合理的，你又能严格自律，时间就会像钻入网中的鱼一样，是很难跑掉的。

为了抓住和利用好瞬间，还必须掌握技巧。比如写作与会客，写作应该安排在头脑清醒的上午，会客安排在需要松弛的下午；读理论书籍与读小说，前者应该安排在精力充沛的时候，后者安排在需要消遣的时候。至于节假日休息，就更需要精心安排了，大原则是不浪费时间。最好的安排是——在最合适的时间做最该做的事情。

瞬间能创造奇迹，瞬间也能改变人的自身。

珍惜瞬间是一种美德，善于抓住和利用好瞬间则是一种能力。

关于回忆与思考

"反思是认识真理的高级方式。"反思的特别之处就在于,你思考的对象既不是你头脑中萌生的某种想象,也不是你眼前刚刚发生的某些现象,而是你自己亲身经历过、又被历史浸润过的种种存在,因而这种思考具有特别的穿透力和洞察力,获得的认识更加具有经验性和真理性。

关于回忆与思考

人需要回忆,更需要把回忆与思考结合起来——在回忆中思考,在思考中回忆。

过去的事情过去了,但过去的事情不应该忘记。过去的成功,过去的失败;过去的喜悦,过去的忧伤;过去的幸运,过去的不幸;过去的领导,过去的同事,都曾对你的成长产生过影响——或大或小,或多或少。没有你的过去,就没有你的现在,忘记你的过去不仅是对你昨天的嘲弄,也是对你今天的亵渎。

要不忘记过去,就需经常地回忆过去。不仅老年人应该回忆,中年人、青年人也应该回忆。不仅要回忆那些得意的事情,也要回忆那些失意的事情;不仅要回忆工作,也要回忆生活;不仅要回忆自己的过去,还应该回忆国家、民族、社会的历史。历史是一座丰碑,历史是一个宝库,历史是最好的老师,历史是现实的一面镜子,历史是孕育未来的母亲。个人的过去虽然算不上是一部历史,但它毕竟含有某些历史的成分,带着某种历史的烙印,因而也蕴藏着宝贵的财富。回忆过去不仅是一种学习,而且是一种挖掘。回忆过去的最大好处是,能够从过去领悟出现在和未来所需要的智慧。

回忆决不是对过去的简单追忆,回忆要确有价值,必须伴随着深入的思考。如果说简单的追忆看到的只是果皮,那么伴随思考的回忆看到的则是果核;如果说简单的追忆只是把果子吃到嘴里，那么伴随着思考的回忆则是把果子细细咀嚼，并能将其消化和吸收。二者的最大区别在于，前者罗列的是现象，后者捕捉的是本质；前者收获的是粗糠，后者得到的是细米。

荷兰哲学家斯宾诺莎说："反思是认识真理的高级方式。"反思的特别之处就在于，你思考的对象既不是你头脑中萌生的某种想象，也不是你眼前刚刚发生的某些现象，而是你自己亲身经历过、又被历史浸润过的种种存在，因而这种思考具有特别的穿透力和洞察力，获得的认识更加具有经验性和真理性。

所以，人要学会回忆，就必须学会思考，要把回忆的过程变为思考的过程，让思考的流水渗入回忆的每一个缝隙。这样，你的回忆就会是确有价值和富有成效的。

82

关于哲学与生活

在生活中,你所追求的与你所惧怕的,往往都连在一起;好事与坏事,常常互相引发。以为好则一切皆好,坏则一切皆坏,这不是一种无知,便是一种误解。对立与统一,是一种法则,谁也抗拒不了。

生活中的很多事情都有两面——既相克又相连，"相克"表现为对立，"相连"表现为统一，"相克"与"相连"融为一体，才构成了整个生活。

你看，生活中的这些现象是多么得有趣：

站得久了，坐是一种休息，但坐得久了，站也是一种休息。

一束花是一种美，但花太多了，又会为其所累。

在上级面前，你是下级，但在下级面前，你又是上级；在客人面前，你是主人，但在主人面前，你又是客人。

可见，生活中处处充满哲学，哲学与生活同在。

经验表明，哲学驾驭了生活，生活就富有意义，哲学一旦被生活所扭曲，生活就必定会失去光泽。为了使我们的生活更加美好，应当学会用哲学光耀自己的人生。

如果你是个有远大抱负的志士，就应该学会把已有的成功作为继续攀登的起点，永远用你的谦逊去回答同事的夸赞，用微笑去回敬别人的嫉妒，用更大的努力去回报人民的期盼。

如果你是个坚强的汉子，就应该学会把今天的失败作为走向成功的阶梯，永远用你的自信去辅佐那必胜的勇气，用坚定去扫除心中的疑云，用理智去规范自己的言行。

在生活中，你所追求的与你所惧怕的，往往都连在一起；好事与坏事，常常互相引发。以为好则一切皆好，坏则一切皆坏，这不是一种无知，便是一种误解。做事情有时要注意不及，有时又要防止过头。

生活中的"度"，决不像气温表上的"度"那样容易把握。对于生活中的诸多问题，比如金钱、权力、荣誉、地位，等等，都不要看得过重。你多一分金钱，也多一分诱惑；多一份权力，也多一份责任；多一份荣誉，也多一份险峻；多一分喜悦，也多一分烦恼。只有完全成熟的人，才真正懂得生活中的哲学，也只有真正懂得生活中的哲学，才能成为一个完全成熟的人。

在人生的征途上，我们应该经常想到事情的两个方面——你想最先感受春光，那你就应该准备最早领略霜寒；你想向蓝天拓展一片迷人的风景，那你就必须甘愿坠入幽暗的深谷。"对立"与"统一"，是一种法则，谁也抗拒不了。

83

关于繁复与简洁

"大道至简,繁在人心。人活到极致,就是简单朴素"。如果你想拓展生命的疆域和快乐的空间,那你就要甘愿做一个满足于过简单生活的人。

关于繁复与简洁

有哲人说过:"人生为千头万绪的复杂而耗尽。"这堪称精辟之言。它提示我们,有人生就会有繁复,但绝不能因为繁复而毁掉人生。

环顾生活,或许你也看到了同样的情形——年过40岁,人的焦虑就会多起来,有的急着出名,有的急着赚钱,有的急着当官;迈进50岁,心里又添乱,儿女要结婚,父母要养老,全由自己一肩挑;到了60岁,自己也要"靠边站",回想过去几十年,仿佛只是吃了一顿饭,味道还未嚼出来,宴席已经散。想想这一桩桩、一幕幕,人生还不艰辛、不繁复吗?

人生的确是艰辛而繁杂的。我们应当注意的是,绝不要被那些不该有的繁复而折磨,以致耗尽自己的整个人生。

就以赚钱和做官为例吧!只要取之有道,你想赚钱是可以的,但一个人有多少钱才算够,从来就没有定数。你的钱已经够花了,还绞尽脑汁想再存个几百万,这不是自找苦吃吗?你想把官当得大一些也是可以理解的,但当了科长想处长,当了处长又想厅长,当了厅长还想当个部长,天下的好事哪能都让你占尽呢?这不是自找罪受吗?

生活从来就是个矛盾的海洋,人来到世界上就被千头万绪的繁复所缠身,这是谁都难以绝对避免的。人应当经常提醒自己的是,尽可能地少一些繁复,而多一些简洁;少一些繁复,就会少一些烦恼;多一些简洁,就会多一些自在。要谨防把简单的事情复杂化，努力做到把复杂的事情简单化。

"大道至简，繁在人心。人活到极致，就是简单朴素"。如果你想拓展生命的疆域和快乐的空间，那你就要甘愿做一个满足于过简单生活的人。

84

关于人生与度

人心好动,但往往因动而乱,心乱了,哪有不失度的?人心好争,但往往因争而愤,愤愤而来,哪有不乱方寸的?

如同天气冷热有度、水温高低有度、土地干湿有度、光线强弱有度,人生也是有度的。

人生中的度无时不有、无处不在。不要说做大事、成大业了,就连我们自己的身体与日常生活也都如此。你看,血压血糖有度,高了低了都不行;吃饭睡觉有度,多了少了都不行;身体胖瘦有度,太胖太瘦都不行。

经验表明,生活与工作中的许多度虽然也难以把握,但最难把握的还是在做人方面——问题往往出在"过头"二字上。

比如,执着过了头,就可能变成固执;自信过了头,就可能变成自负;谦虚过了头,就可能变成虚伪;豪气过了头,就可能变成霸气。还比如,节俭过了头,就可能变成自虐;娱乐过了头,就可能变成放纵;聪明过了头,就可能变成糊涂;得到过了头,就可能变成失去,等等。

看看那些入狱的贪官,哪一个不是倒在过头上。自己的钱本来够花了,但还嫌少,于是就去贪;贪了百万想千万,上了千万还想上个亿。正可谓误在失度,败在失度。

人生有度,难在适度。难在哪里?就难在心上。生活反复表明,人心好动,但往往因动而乱,心乱了,哪有不失度的?人心好争,但往往因争而愤,愤愤而来,哪有不乱方寸的?

度,是一种守恒;度,也是一种定律。说到底,适度,就是一种和谐。你要拥有和谐的人生，最应当注意的是——过犹则不及，物极则必反；最应当遵循的是——万事面前皆应顺其自然，任何时候皆应守住底线。

85

关于文明与贵

人在变老的时候，一定要变好，变成孩童那般令人喜爱和向往的样子。人在变老的路上，一定要走好，即使拄着拐杖也要稳稳当当地走好人生最后几步。

关于文明与贵

人的年龄不同,活法也应当有所不同。年轻人要活得"勤"一些,中年人要活得"实"一些,人到老年则应当活得"贵"一些。

何为贵?权力不代表贵,地位也不代表贵,钱财更不代表贵,这贵那贵,唯有文明才代表贵。文明不只是个概念,也不只是个口号,归根到底,它是一种境界,它既是人之内心世界发出的光亮,也是人之美好德行的一种宣示。

年轻人为你让座,你应当说声"谢谢";小朋友喊你声爷爷,你也应当说声"谢谢"。别人尊重你,你也应当尊重别人,尊重别人就是一种文明。

曾经的下级如今已不再那么敬你,你应将其视为正常;往日的朋友如今已不再那么热情,你也应视其为正常。豁达与大度也是一种文明。

不要把烦恼挂在嘴上,也不要把遗憾放在心上,更不要把怨气撒在别人身上。超然物外,随遇而安,更是一种文明。

如果你已经70了、80了,有句话是要记住的——既不要因老怕老,也不要倚老卖老。因为因老怕老会损伤自己,而倚老卖老则会贬低自己。能做到这一点,既是一种文明,也堪称为一种贵。

人在变老的时候,一定要变好,变成孩童那般令人喜爱和向往的样子。

人在变老的路上，一定要走好，即使拄着拐杖也要稳稳当当地走好人生最后几步。

本文是专为老年朋友写的。不过，青年人、中年人读读也不无好处，因为人生中的道理都是相通的。

86

关于放下与放不下

情况一定是这样的——放下自己才能想得开,放不下自己就想不开。

情况也一定是这样的——很多事情都不是你能左右的,有些事哪怕你有一万个想不开,最后你也不得不放下。

人生固有的韵律也是不可抗拒的。

没有什么比放下更能怡养精神。人在旅途，该看透的一定要看透，该放下的一定要放下，努力做到该怎么样就怎么样，万事面前顺其自然。

诸如：朋友之间，该聚则聚，该散则散；夫妻之间，该忍则忍，该让则让；父子之间，该高则高，该低则低；住房面积，该大则大，该小则小；银行存款，该多则多，该少则少；遇到麻烦，该急则急，该缓则缓；受到委屈，该喊则喊，该哑则哑；遭遇挫折，该进则进，该退则退；往日之事，该记则记，该忘则忘；明日之事，该念则念，该淡则淡；利益面前，该得则得，该舍则舍；仕途路上，该上则上，该下则下，等等。

这么多的"该"，说起来容易，做起来就难了。真正做到了，就叫随遇而安，就叫顺其自然，就是佛家所说的"放下"。人在很多事情上所以放不下，从根上说，就在于放不下自己，所以放不下自己，皆由于心性不净而滋生的妄念这个魔鬼在捣乱。

妄念是个诱人自误的坑，人掉进去就很难爬出来。有的人压根就没想爬出来，有的人爬了半截又掉进去了，也有的人好容易爬出来了，却挡不住红尘的诱惑，又犯糊涂了。人要活得轻轻松松，快快乐乐，就一定要扼住妄念这个魔鬼，努力做到万事面前想得开。

德国著名哲学家叔本华说："人能够做他想做的，但不能要他想要的。"意思是，人活着可以放手去做事，但不能只是为了自己，还要想到别人，有社会责任感，即使你有天大的本事，也不能把好处占尽，因为——你想要得越多，就越容易走向反面。如此去想，很多事情就都能想得开了。

情况一定是这样的——放下自己才能想得开，放不下自己就想不开。

情况也一定是这样的——很多事情都不是你能左右的，有些事哪怕你有一万个想不开，最后你也不得不放下。

人生固有的韵律也是不可抗拒的。

代跋

人生七忌

人生的不幸，往往源于自我——不是被谁打败了你，在很多情况下，是你自己打败了自己。所以，人一定要学会战胜自我、上扬自我。从哪里做起呢？写完本书的正文后，我想到了"人生七忌"。简述如下：

一忌自卑。你为什么要自卑呢？谁也没有说你不行，只是你自己认为自己这也不行、那也不行。其实，只要你认为自己行，你就行。人就得活个自信，你自己都不相信自己，还怎么能让别人相信你呢？你所以不相信自己，很可能是由于怯懦而没有去闯荡，你放开胆子闯荡几次，或许就是另外一个自己。要记住，一个人如果失去了自信，就无异于掏空了自己，如同一颗空心树，是决不能结出好果子的。

二忌自怜。人在失意的时候最容易怜悯自己，而与自我怜悯如影随形的又总是唉声叹气。再之后呢？就将这一切都归咎于命运，而命运又是难以抗拒的。如此一来，自我怜悯就变成了一种自我扼杀，连生活的勇气都没有了,至于幸福呀、快乐呀,更成为可望而不可及的东西。自怜也是一种心理疾病,治愈这种疾病的最好药方是——始终对生活充满爱。要记住,你若爱,生活哪里都可爱;这事那事,你若不把它当回事,它就不是事。

三忌自弃。比自卑与自怜更当警惕的自暴自弃。自暴乃自我糟蹋,自弃乃自我抛弃,你蒙受一次失败就要糟蹋自己、抛弃自己吗?不应该的。你有理由失败,也就有理由奋起。人生路上,哪有不摔跤的?跌倒了爬起来,继续往前走就是了。如果说自卑失去的只是信心,自怜失去的只是爱心,那么,自弃失去的则可能是生命。要记住,你所遭遇的失败决不是一剂毒药,它只是对你生命的一种修复和充实。

四忌自负。你不管多么优秀,也只是比较而言的。即使你品学兼优,还有个能力问题;即使你的能力也不错,还有个业绩问题;即使你的业绩也不错,还有个看与谁比的问题——在矮子面前,你可能是个高人,但在高人面前,你不也是个矮子吗?所以,人在任何时候、任何情况下,都不能自以为了不起。山外有山,天外有天,天下比你优秀的人多得是。要记住,自负不如自谦,自负招来的多是自损,人还是以多一点谦逊为好。

五忌自恋。在如何看待自我的问题上,比自负更糟的是自恋。自恋的人有两个显著的特点,一是自己崇拜自己,二是事事追求完美。这是很可笑的。你有什么可值得自我崇拜的呢？你所崇拜的，很可能正是被你美化了的缺点。你怎么能追求事事都完美呢？你的这种追求本身就是一个严重的错误。无论自我崇拜还是追求完美，都是对自我的一种戏弄。这类人吃到的第一个苦头，就是让自己变成了一个孤家寡人。要记住，人是需要自爱的，但凡事都有度，自爱过了头，或许就会变为自贬。

六忌自纵。树生长需要修剪，人成长需要自律。一个自我放纵的人，就如同一棵野蛮生长的树一样，是决不能成才的。试想，一个连自己都管不住的人，还能管得了什么呢？能管得了人吗？能管得了事吗？都不能！自纵唤来的只会是烦恼，甚至是不幸。自纵往往是从任性开始的，但人之所以会自纵，决不能只从性格上寻找原因。任性只是表象，其背后深藏的是修养水准的缺失。要记住，你要成长，就应当学会自律，自律不仅是一种境界，也是人一生中不可缺少的一种力量。

七忌自私。人皆有私利，但决不能有太多的私心，尤其要谨防私心膨胀。一个人私心膨胀了，什么样的麻烦都可能找上门来。私心是人心中最诡秘、也最难对付的东西，一有机会它就会探出头来，东瞧瞧，西望望。瞧什么呢？望什么呢？瞧的望的都是利益。人难以克服私心，也就难在这里。自私或许是人的天性，但这决不应该成为你可以自私的理由，天下大公无私的人不也有很多很多吗？古训有云："吏不畏严而畏廉，民不求能而求公"。要记住，人只有少一点自私、多一点廉洁、多一点为公，才能活出生命的意义。

人需要"自忌"的东西还有很多，比如自恃呀、自虐呀、自闭呀、自欺呀、自贱呀、自残呀，等等。但我以为，如果能在上述七个方面做得比较好，也一定会大有收益的。

本书所言若有不当之处，敬请读者批评指正。

袁志发

2024 年 5 月 7 日